城市群治污减霾防控联动机制研究
——以关中为例

杨冬民◎著

Study on the Linkage Mechanism of Pollution Control and
Haze Reduction in Urban Agglomeration
—Illustrated by the Case of Guanzhong

U0226419

经济管理出版社
ECONOMY & MANAGEMENT PUBLISHING HOUSE

图书在版编目（CIP）数据

城市群治污减霾防控联动机制研究：以关中为例/杨冬民著．—北京：经济管理出版社，2022.3

ISBN 978-7-5096-8342-2

Ⅰ.①城…　Ⅱ.①杨…　Ⅲ.①城市群—空气污染—污染防治—研究—陕西　Ⅳ.①X51

中国版本图书馆 CIP 数据核字（2022）第 043212 号

组稿编辑：王格格
责任编辑：杨国强
责任印制：赵亚荣
责任校对：陈　颖

出版发行：经济管理出版社
　　　　　（北京市海淀区北蜂窝 8 号中雅大厦 A 座 11 层　100038）
网　　址：www.E-mp.com.cn
电　　话：（010）51915602
印　　刷：唐山玺诚印务有限公司
经　　销：新华书店
开　　本：720mm×1000mm/16
印　　张：13.5
字　　数：224 千字
版　　次：2022 年 4 月第 1 版　2022 年 4 月第 1 次印刷
书　　号：ISBN 978-7-5096-8342-2
定　　价：88.00 元

前　言

一、撰写背景

随着生态文明建设不断深化，"绿水青山就是金山银山"理念越发得到重视，陕西省整体生态环境得到显著改善，榆林毛乌素沙漠、渭河流域以及关中城市群空气质量均表现出较为显著的治理成效。但2018年国务院首次将汾渭平原列为我国蓝天保卫战主战场，与长三角地区、京津冀及周边地区并列成为三大主战场。这说明关中城市群依旧存在较为严重的雾霾污染问题，并亟待解决。《2019中国生态环境状况公报》指出，2019年全国168个城市空气质量最差的20个城市中，咸阳排倒数第19位。虽然同比2018年（咸阳倒数第9位、西安倒数第12位、渭南倒数第20位），咸阳以及关中城市群整体空气质量得到改善，但咸阳依然位列其中，说明关中城市群治污减霾迫切需要制定合理联防联控机制，形成以西安为核心的治污减霾政策合力，充分发挥西安治污减霾优势。

关中城市群北面为黄土高原、南面毗邻秦岭山脉，形成南北地势高、中间地势低的"盆地地区"，空气不易流通，因此，空气污染物容易滞留，不易扩散。特别是冬季供暖期，严峻的雾霾污染以及跨域污染问题成为困扰关中城市群治污减霾的诟病根源。

随着陕西生态治理体系的不断完善、治理能力现代化，需要打破行政区域限制，设计治污减霾防控联动机制，以共同治理关中城市群雾霾污染问题。我国经济已进入高质量发展阶段，良好生态环境作为社会公众的普遍追求，需要解决我国改革开放40多年来，地方政府过度追求GDP产生的严重生态环境破坏问题。经济高质量发展意味着将生态环境视作社会生产力，与经济发展同等重要。关中城市群是陕西经济发展重要区域，2018 年关中城市群 GDP 占陕西全省的 62%。随着经济进入高质量发展阶段，关中城市群经济发展模式也需要做出相应变化，传统的地方自治式治污减霾政策已经不能有效应对雾霾跨域污染问题，需要进行防控联动，形成治污减霾合力，才能进一步推动关中城市群生态文明建设，最终推动关中城市群和陕西省经济高质量发展。

二、撰写思路设计

在陕西经济高质量发展迫切需要下，本书以关中城市群治污减霾防控联动机制作为研究对象，目的是通过研究，总结出经济新常态背景下关中城市群雾霾污染成因、治理困境以及防控联动的可能性。以协同治理理论为理论基础，进行相应机制设计，从政府之间、政府与企业之间以及政府与公众之间三个角度拟构建关中城市群治污减霾防控联动机制，有利于陕西生态文明建设纵深化实施。

三、本书主要特色

一是对已有治污减霾研究进行回顾，总结现有治污减霾机制不足之处以及关中城市群雾霾污染成因，通过此类分析，为后文实证研究以及防控联动机制奠定研究基础。

二是防控联动机制相关概念界定。我国治污减霾相比于国外起步较晚，生态文明建设历时不长，经验不足，虽然生态治理已取得一定成效，但从协同治理角度考虑，防控联动概念尚未有明确界定。本书除了对关中城市群、雾霾、治污减霾概念进行再阐述外，还对防控联动机制进行系统阐述。

三是理论与实践有机结合。为设计关中城市群治污减霾防控联动机制，需要充实的理论支撑。本书对防控联动机制相关理论——公共产品和外部性理论、产权理论、行为博弈理论以及协同治理理论进行阐释，为经济高质量发展阶段下关中城市群治污减霾防控联动机制设计提供理论支撑。本书对国外治污减霾防控联动经验进行必要分析，为本书机制设计奠定实践基础，将理论研究与实践研究进行有机结合，共同作为防控联动机制设计研究基点。

四是系统全面分析关中城市群治污减霾防控联动机制现状。对关中城市群治污减霾防控联动机制现状进行深入剖析，在此基础上运用 DEA 模型、Super-SBM 模型对关中城市群各个城市治污减霾效率进行分析，依据分析结果提出构建防控联动机制的必要性。

五是对关中城市群治污减霾防控联动机制进行实证研究。首先，对地方政府之间、政府与企业之间以及政府与公众之间主体行为选择对防控联动影像进行机理分析，并提出本书研究假设；其次，构建"地方政府—企业—公众"防控联动分析框架，在统一框架下借用中介效应模型进行实证分析；最后，根据实证研究结果构建关中城市群治污减霾防控联动机制。

六是对防控联动机制实施路径进行系统阐述。本书将具体实施路径分解为"地方政府之间""地方政府与企业之间"以及"政府与公众之间"三个部分，根据主体间行为选择偏好、博弈状态制定切合实际的实施路径，使三者共同有机组成关中城市群治污减霾防控联动机制。

七是为防控联动机制制定政策支撑体系。从法律法规制定、相关部门制度安排、市场建设规划、公众参与机制强化四个方面完善关中城市群治污减霾防控联动机制顶层设计，为机制有效实施制定政策支撑体系，使其成为关中城市群治污减霾长效机制。

八是对国内治污减霾防控联动典型案例进行研究。分别以发达地区（京津冀、江苏省、深圳宝安区）以及陕西（渭南、铜川、宝鸡市）大气污染治理案件为例，具体阐述环境治理中政府、企业、公众三方参与实施的路径，为推进关中城市群治污减霾防控联动机制创新提供思路和方法。

本书在写作过程中，参考了近年来关于治污减霾防控联动的大量文献，涵盖著作、权威期刊文献等，也进行了相应的田野调研。由于防控联动机制相关研究在国内刚起步，难免存在一些不足，也恳请广大读者、学者、专家与之进行深入交流并批评指正。

杨冬民

2020 年 11 月于西安理工大学

目　录

第一章 绪 论

第一节 研究背景与意义

一、研究背景

改革开放以来，中国经济持续高速增长，国内生产总值稳居世界第二，人均收入也步入新台阶。然而，中国多年来粗放型的经济发展方式与 GDP 锦标赛的传统思维，导致中国经济增长出现了一系列问题。环境污染严重、大气环境质量下降、雾霾频发已成为社会普遍关注的问题，这不仅给正常社会生产秩序造成很大影响，也对人类身体健康构成危害。我国经济处在由高速发展向高质量发展转型的新阶段，为实现持续发展，改善和防止造成大气进一步污染，坚持经济发展和环境保护相结合，国家和政府出台了一系列空气污染治理政策。我国空气污染治理政策的演进呈现阶段性特征。改革开放前，我国的空气污染防治以政府单方面行动为主，1973 年，召开第一次全国环境保护会议，此次会议审议通过了《关于保护和改善环境的若干规定（试行草案）》，这是中华人民共和国颁布的第一个关于环境保护的法规性文件。以此为标志，我国空气污染防治工作正式起步，但这一时期的污染防治工作主要依靠行政力量进行。1978 年，第五届全国人民代表大会第一次会议通过的《中华人民共和国宪法》，对环境保护做了专门规定："国家保护环境和自然资源，防止污染和其他公害。"以宪法为基础，我国空气污染防治开始走上法制化轨道。1979 年，全国人民代表大会常务委员会通过了《中华人民共和国环境保护法（试行）》，该法专门对空气污染物排放标准、发展清洁能源、推广区域供热等事宜做了具体规定。1987 年，通过《中华人民共和国大气污染防治法》，制定了一系列政策安排，使得我国大气环境质量管理标准实现了全国统一。1992 年，治理政策的运用由行政管制转向市场化模式，创建空气环境管理的市场机制。1995 年，对《大气污染防治法》进行了修订，增加控制酸雨、二氧化硫污染、饮食服务业环保管理等要求，采取措施防治油烟对居住环境的污染。1996 年修订环境空气质量标准，调整污染物监测标准。进入 21 世纪，政策设计尝试打破空气污染防治的属地管理模式，治理重心开始向区域污染控制转变，2000 年，《大气污染防治法》进一步修订，增加大气污染物排放总量控制和许可证制度。2010 年以来，政策设计旨在中央政府制定战略与目标，建立激励和考核机制鼓励地方政府合作治理污染。2010 年 5 月，环保部等部门共同制定了《关于推进大气污染联防联控工作改善区域空气质量的指导意见》，提出"建立统一规划、统一监测、统一监管、统一评估、统一协调的区域大气污染联防联控工作机制，扎实做好大气污染防治工作"。2012 年 12 月，我国第一部综合性大气污染防治规划——《重点区域大气污染防治"十二五"规划》出台。2013 年 9 月，国务院印发《大气污染防治行动计划》，提出"发挥市场机制作用，完善环境经济政策""建立区域协作机制，统筹区域环境治理""明确政府企业和社会的责任，动员全民参与环境保护"。2014 年，环保部与全国 31 个省（区、市）签署了《大气污染防治目标责任书》，明确了各地空气质量改善的目标和重点工作任务。党的十九大报告明确提出，"构建政府发挥主导作用、企业为治理主体、社会组织和公众合作共治的环境治理体系"，2020 年 9 月，国务院部署加强大气污染科学防治促进绿色发展，国家城市环境污染控制技术研究中心研究员彭应登提出"我国的大气污染防治正在向纵深发展"。

空气污染特点发生了重要转变，呈现污染源复合型和污染区域连片等特点，这种区域性污染在产业聚集程度高与城市化进程迅速的城市群表现得尤为明显。京津冀城市群是国家经济发展的战略地区，是中国经济核心区域，其协同发展已上升到国家战略，但是该区域同时也是中国大气污染最严重、最集中的地区。2000~2013 年，京津冀城市群 PM2.5 浓度呈整体上升趋势。根据空气质量在线监测分析平台公布的 PM2.5 浓度值数据，2013~2020 年，京津冀地区空气质量有所改善，治理成效显著，PM2.5 年均浓度值呈整体上下降趋势。京津冀城市群空气质量季节差异显著，呈"冬重夏轻"的季节性特征，这与北方冬季供暖有关，燃煤成为冬季 PM2.5 的主要来源。京津冀经济活动具有高度相关性，PM2.5 浓度呈显著空间差异性，表现出中间高两侧低的"中心-外围"结构。从产业结构看，河北作为能源大省，能源消费高但利用率低，第二产业占 GDP 总量大，形成明显的空气污染核心区域，而 PM2.5 在空气中高流动性特点又使得污染直接波及毗邻地区。北京、天津以消费为主，第三产业发达，京津冀地区交通一体化程度高，加强了该区域的城市紧密程度，使得雾霾污染的空间溢出效用显著，单方面治理不能解决京津冀的雾霾问题，必须运用综合治理手段。关中城市群经济一体化加强，同时生态环境问题趋于共性化，跨行政区划界线的雾霾污染问题呈现明显的上升趋势，关中城市群整体性空气环境治理困境凸显。根据哥伦比亚大学社会经济数据和应用中心公布的全球卫星遥感 PM2.5 浓度值数据，2006～2013 年关中城市群五个城市 PM2.5 年均浓度值都呈现增长趋势，只有 2008 年与 2011 年出现小幅度下降，尤其 2012～2015 年关中城市群空气质量明显恶化，其中 2014 年陕西空气质量优良率为 63.1%（数据来源:《2014 年陕西省环境状况公报》)，特别是西安、渭南、铜川、咸阳、宝鸡等关中地区重度污染、严重污染天数较多。2015 年后，空气质量开始逐渐改善，尽管空气质量在逐年改善，但轻度污染天数占比仍很大。同时，关中城市群雾霾污染在地理空间上呈现一定地区差异。渭南 PM2.5 年均浓度值处于历年最高水平，与此同时，关中城市群内部的经济发展水平差异大，从人均 GDP 看，咸阳、铜川和渭南经济发展水平明显低于西安和宝鸡，在现行政绩考核体系下，咸阳、铜川和渭南经济发展动机要明显大于其他两个市，各市在经济发展与环境治理上利益诉求不同。从产业结构来看，陕西煤炭资源丰富，主要以重污染、高能耗的第二产业为主，尽管西安已经以第三产业为主，但宝鸡仍为第二产业强支撑城市，咸阳的产业结构与宝鸡类似，铜川和渭南的第二产业占各自 GDP 总量的一半。从居民消费需求结构看，随着经济发展，人民生活水平提高，消费结构也在发生转变，居民基本生活消费需求得到满足，高能耗耐用商品如汽车、家电等消费比例不断上升，汽车尾气排放也是造成雾霾污染的重要原因之一。各个城市能源消费现状、能源清洁化转型背景不同，交通、建筑等行业的能耗、污染排放水平不一。另外，压力型和分管型的行政管理体制也影响着防控联动的理念和协作，这些因素使得关中城市群各市参与治污减霾的动机和动力存在较大差异。加之空气的流动性让治污减霾的收益由关中城市群共享，使得各市治污减霾的激励不足，造成各市政府容易产生"搭便车"心理。

采取区域性防控联动成为有效应对和处置跨领域、跨地域的综合性复杂雾霾污染问题的重要手段。关中城市群治污减霾防控联动机制实践依次经历了初步探索阶段、理论指引阶段以及推进实施阶段，但尚未形成治污减霾多主体联动治理有效格局，防控联动强度不足。打破城市群内行政区隔，探索多元主体参与治污减霾途径，系统性研究关中城市群治污减霾防控联动机制，已经成为经济社会的现实议题。

二、研究意义

（一）理论意义

国内绝大多数有关区域环境防控联动的研究，都是以公共管理为视角，而采用环境经济学、区域经济学等理论方法的研究视角较少，本书以环境经济学为视角，对关中城市群治污减霾防控联动机制进行研究。另外，鲜有文献从一个较为全面的角度分析区域性治污减霾防控联动主体之间行为传导路径以及这些传导路径的影响结果的程度强弱，并就实证检验提出相应的机制设计。本书以关中城市群治污减霾防控联动的传导路径为切入点，提出多元主体间联动的格局，以充实区域性环境问题中的治理逻辑，对丰富和完善区域环境防控联动机制研究具有一定的理论意义。

（二）实践意义

已有研究大多数单从政府角度出发或从政府-企业两主体之间关系出发对治污减霾防控联动机制进行研究，而本书分析了"政府-企业-公众"等多元主体之间为何、如何实现防控联动，对防控联动机制的特征及实现途径进行深入研究，厘清了政府主导下治污减霾防控联动机制的传导路径，其研究成果为关中城市群治污减霾防控联动机制实践提供了参考，为区域宏观空气环境治理决策提供了支撑，丰富了关中城市群治污减霾的技术经济政策以及环境管理的经济措施，为关中城市群治污减霾防控联动机制的深化发展提供了思路。

第二节 国内外研究综述

一、治污减霾防控联动兴起

（1）随着城市化和工业化进程加快，工业污染、汽车尾气、建筑扬尘以及环境破坏等现象加剧，空气质量问题日益突出，由此导致雾霾天气增多，严重影响民众身心健康和日常生产生活。对于雾霾的现有研究主要从形成原因、健康影响与经济损失以及空间关联三个方面展开。从环境科学角度来看，潘本锋、汪巍等（2013）指出，高湿、逆温、静风等自然因素是雾霾形成的主要原因。从经济层面来看，刘强等（2014）认为，大面积严重雾霾形成主要是由于能源消费过高、排放标准过低、生态环境系统自净功能丧失。高广阔等（2016）针对雾霾污染形成原因，提出运用大数据关联思维对中国雾霾污染问题进行统计分析。PM2.5作为大气污染的首要污染物，是造成雾霾天气最重要的"元凶"，对人体呼吸系统造成损害（杨新兴等，2012）。郑玫等（2014）对我国PM2.5来源解析的方法和进展进行了系统综述。黄晓军等（2020）对2000~2016年关中地区人口暴露于PM2.5的风险程度进行测度，指出人口暴露风险不断加剧。谢杨等（2016）指出，PM2.5污染会导致呼吸系统、心脑血管系统等疾病，这些疾病问题不仅会增加健康支出，同时会增加误工时间，对经济造成负面影响。穆泉等（2015）通过对2001~2013年各省因PM2.5重污染对人群健康影响与相应的经济损失进行评估，指出重污染情况下造成的健康影响和经济损失会远高于一般污染情形。我国雾霾污染具有空间溢出效应，呈现地理集聚和空间自相关特征。雾霾是我国目前城市和区域空气污染所面临的最突出的问题，形成了京津冀、长三角、珠三角、四川盆地以及汾渭平原等雾霾严重污染区域。一些文献基于地理科学视角，利用卫星遥感、空间统计等技术，以关中城市群为研究对象。王文鹏（2018）指出，关中地区的喇叭状地形与气溶胶污染程度具有高度关联性，雾霾污染天气的污染源多由关中地区的西安、咸阳或者渭南产生，污染由东向西溢出扩散，同时，周边区域可能会向关中地区输送部分污染物。黄鑫等（2019）指出，2000~2016年陕西气溶胶厚度在关中咸阳、西安、渭南地区存在一个明显的高值区。杨哲（2018）认为，关中城市群各城市 PM2.5 污染存在明显的关联规律，城市之间雾霾扩散影响程度会随着城际距离的增加而减弱。Yi Yang、Zixuan Cai（2020）对 2005~2017 年关中平原城市群空气质量进行了评价，研究表明，关中平原城市群空气质量只有全国的 1/3。针对雾霾污染空间溢出的特征，部分学者采用 Moran's I 指数、SEM 等地理空间回归方法以及空间关联的可视化分析，进一步量化表示雾霾污染集聚效应，描述雾霾污染的周期变化或交互影响。程钰等（2019）认为，京津冀区域的空气质量有明显空间异质和关联，地理空间呈现出中间高两侧低的"中心—外围"结构。杨传明等（2019）指出，长三角城市群雾霾污染空间关联网络密度逐年提高，各城市均具备不同程度的空间关联及溢出效应。曾浩等（2019）指出，2005~2016 年长江经济带的城市雾霾污染表现为较为明显的空间正相关性，总体空间格局呈现出集聚态势并存在显著的高值集聚现象。

（2）城市和区域空气质量演变受社会经济因素驱动，雾霾已经成为经济社会转型的重要约束，一些文献从城市雾霾天气形成和治理的经济机制进行了探讨。任保平等（2014）认为不同能源的使用效率和污染排放量对环境污染程度不同；韩文科等（2013）发现煤炭对环境的污染最为严重；马丽梅等（2014）估计煤炭占能源消耗比重每升高 1%，PM2.5 浓度就会相应增加 0.064% 和 0.052%；郭俊华等（2017）指出，对陕西来说，煤炭污染成为雾霾污染的助推剂。从能源消耗与雾霾主要成分关联性分析，田孟等（2018）通过对北京市各工业行业排放的雾霾主要成分进行测算和因素分解，表明能源结构的改善和能源强度的下降是污染源减排的主因。改变以煤炭为主的能源消费结构，实现能源结构清洁化转型已成为雾霾治理的一项重要内容。魏巍贤等（2015）研究表明，推进能源结构调整与技术进步才是治理雾霾的根本手段，加大清洁生产技术研发，组合使用税费规制工具，用硫税或碳税为工具降低能源强度。一些学者分别从能源消费规划（樊静丽等，2014）、煤炭清洁化利用（马骏等，2014）与可再生能源利用与推广（邵帅等，2016）等角度，研究了能源清洁化转型政策及实施路径。经济增长主要依靠高能耗、高污染产业的城市，面临空气污染问题更突出。韩超（2015）以中国 2002~2011 年行业数据为研究样本，实证验证了技术进步对行业整体减排作用。何小钢（2015）认为，产业结构直接反映了该地区的能源利用效率、能源消耗总量以及单位 GDP 能耗水平，产业结构过度重型化趋势是导致东部区域环境污染、雾霾频发的关键因素。邵帅（2016）针对来自煤炭能源的废气排放和建筑工地扬尘，以能源工业和建筑行业产值占 GDP 的比例表征产业结构，实证结果表明，第二产业占比增加会加剧雾霾污染，应有针对性地制定和有效实施雾霾治理政策，实行有所侧重的区域治霾策略。在城镇化发展、建筑施工及汽车保有量等视角下，何枫（2015）应用 TOBIT 模型研究中国 74 个首批 PM2.5 监测城市得出城市化程度越高雾霾越严重的结论。吴玥弢（2015）指出，能源消耗结构、机动车尾气排放和城市扩张性建筑扬尘可能是导致近两年西安空气污染的主要原因。李勇（2014）、吴建南（2016）基于中国监测城市 PM2.5 浓度的实证研究，得出能源消费结构、机动车尾气和建筑扬尘等是导致形成雾霾天气的直接原因。高明（2016）认为，人口城市化对空气污染的影响比土地城市化更为直接。雷玉桃等（2019）指出，应注重产业结构与新型城镇化融合，发挥治污减霾的联动优势。区域经济发展与空气环境保护在一定程度上互为增进。姜克隽等（2020）对 2013 年以后中国大气雾霾污染治理对经济发展的影响进行分析，指出大力推进雾霾污染治理，不仅没有对潜在受负面影响的行业带来明显负面影响，反而促进了环保等新兴行业发展。童纪新（2018）研究表明，降低雾霾污染是提高城市经济发展质量的重要途径。陈诗一（2018）系统考察了雾霾污染对中国经济发展质量的影响及其传导机制，研究发现，雾霾污染通过城市化与人力资本两个传导渠道显著降低了中国经济发展质量。

（3）鉴于雾霾污染空间溢出效应，国内外对区域空气污染治理研究由"属地治理"模式转向"合作治理"模式。刘华军等（2017）通过对雾霾污染空间关联成因进行分析，指出导致雾霾污染空间关联的最主要诱因是 PM2.5 的空间关联，中国应加快构建以防控 PM2.5 为重点的跨区域雾霾污染协同治理机制，并将其融入城市群发展战略以及区域发展战略之中，最终实现包含雾霾污染协同治理在内的全方位区域协同发展。李瑞昌（2018）指出，治理对象认知变化和治理方式失效是政府间协作治理模式演进的两大动力，空气污染治理政府间协作经历了区域内联防联控模式，正在向区域间综合施策模式演进。刘华军（2018）指出，积极构建多元主体参与的防控协同治理体系是雾霾治理的关键所在。孙攀（2019）认为，鉴于雾霾污染具有显著的空间溢出效应，实行雾霾污染区域联防制度势在必行。马丽梅等（2014）认为，在考虑到污染空间溢出效应情况下，要进行产业结构调整就必须完善区域合作机制，首先要对产业结构调整进行全局规划、合理配置，其次要明确中央政府主导作用，有针对性地制定治污减排区域政策，最后要在基础设施建设以及具有公共产品属性的产业上逐渐打破地方界线，完善区域合作机制，积极引导跨行政区环境合作治理。卞元超等（2020）实证分析了财政分权体制下地方政府之间的市场分割行为对雾霾污染的影响效应，认为市场分割会加剧雾霾污染，阻碍雾霾污染协同治理，指出各地方政府应在破除市场分割的同时，引导企业之间相互学习、优化布局，实施雾霾污染群防群治、协调治理。京津冀、长三角以及关中平原地区雾霾污染具有显著的空间溢出效应，一些学者对这些地区治污减霾联防联控机制进行了研究。庄贵阳等（2017）认为，应通过"府际协作、成本分担、监督问责、多元主体参与"四方面机制的创新，促进北京、天津、河北三个区域治理子系统的互动合作，最终实现京津冀地区雾霾治理整体效应的最大化。陈诗一等（2018）以长三角地区为例，指出要对环保税制方案进行优化，从而进一步充分发挥区域雾霾协同治理作用。

二、跨域环境治理中防控联动困境

（1）区域内各地方自然地理、资源禀赋和经济发展水平等方面存在差异，造成跨域环境治理中地位的"非对称"。经济发展的非均衡性是区域内部最显著的结构特征（何寿奎，2019）。不同区域的能源结构存在差异，能源清洁化转型的背景不同，主要表现在城市各自能源消费弹性系数和万元 GDP 能耗不同（周伟铎等，2018），因此各城市经济发展对能源依赖程度不一，区域协同治理中节能减排承压也不同。Matthew Flingers（2002）指出，投入和收益不对等是跨部门协同面临的最为主要的障碍。罗冬林等（2015）证实，区域污染治理成本差异以及治理效益存在，治理成本分担和合作收益分配是协同治理的合作联盟稳定性的关键。赵新峰等（2019）认为，经济发展不均衡导致区域内各政府环境治理目标差异，表现为环境治理资金投入和环境管理力度等区别。施祖麟等（2007）指出，地方政府发展经济偏好和招商引资规划会影响环境门槛的设定，进而影响治理目标。余晓钟等（2014）认为，环境规制强度增加会使污染密集型产业转向其他区域产业，形成新的产业链分工，为产业各环节协同减排创造条件。城镇化对雾霾污染治理存在一定影响，刘晨跃等（2017）研究表明，受近几年我国经济粗放式增长影响，城镇化水平快速增长，人口迅速膨胀、土地不合理开发利用和产业结构重污染化，给环境治理造成巨大压力，导致雾霾污染频频发生。

（2）财政收支受行政区划约束、地方政府财政供给能力"非均衡"、利益共享"模糊化"等问题制约区域环境合作治理，跨域环境治理需要建立财政合作机制。隶属不同地区碎片化资金来源难以为跨域环境治理提供保障。众多学者认为，财政分权对雾霾协同治理及防控联动构建有着重要影响。财政分权下地方政府在防控联动过程中，可能存在财政社会回应性不足（马海涛等，2018）、雾霾污染及治理"搭便车"现象（ANSL，LIN L，2001；ZHENG S Q，2013；黄寿峰，2017）、唯 GDP 考核竞争、财政支出中环境保护支出不足（熊波等，2016；吴勋等，2019）、地方环境"竞次"对区域协同治理破坏（王珺红等，2013；俞雅乖等，2013）等，不利于地方政府间防控联动机制的建立，以及跨区域财政资源要素流动的非均衡（苏明等，2008）、财政供给结构的非均衡（杨志安等，2016）、经济增长与财政供给的非均衡（王丽等，2015）。

（3）信息不对称、过高的交易成本阻碍区域环境合作。由于信息上不对称，地方政府间难以形成有效互动（杨宏山等，2019）。王猛（2017）认为，公共事务信息的复杂性决定了不同层级政府具有不同的信息比较优势，防控联动的复杂性决定了不同层级政府具有不同的信息比较优势。占有更多跨域环境治理信息就可能获得更多收益（允春喜等，2015），但在信息与技术共享方面仍存在多重困境（王洛忠等，2016）。Richard C. Feiock（2013）认为，地方政府选择某种合作机制的标准是收益最大化与风险最小化。郭斌等（2015）将地方政府合作的交易成本概括为协调成本、信息成本与监控成本。曹伊清等（2013）指出，地方政府管辖权让渡赋予流域机构协调解决跨地区污染职能，有助于跨区域污染治理。郭渐强等（2019）指出，流域间生态补偿政策执行陷入合作困境缘起于现行合作机制内含较高水平的合作风险与交易成本。

（4）自上而下的"压力型体制"对区域防控联动理念的影响，属地治理权分割造成区域环境责任碎片化。财政分权制度在一定程度上会加剧雾霾污染程度。一方面，片面的 GDP 考核晋升机制将会导致地方政府"重经济发展，轻环境治理"，而快速推动经济发展的往往是重污染工业企业，引发倾向性财政支出偏好，进一步加剧环境污染；另一方面，地方政府环保意识较弱，环境保护支出不足，无法满足公众环境需求（吴勋等，2019）。跨越环境治理中地方政府的合作受到官员自身本位主义（贾先文等，2019）、邻避现象（姬翠梅，2019）等各种考虑因素限制，马亮（2016）认为，排名制度不利于加强地方政府对空气污染控制的承诺，未能鼓励更好的空气污染管理且抑制了政府间合作。地方政府基于属地利益制定政策，不会考虑本地政策效应对邻近地区的影响，区域内产业缺乏有效整合（王喆等，2014），县级市应弱化增长压力和强化环保地方事权（杜雯翠等，2017），建立环境管理事权与财权需求和责任相匹配的制度体系（熊烨等，2017）。张力伟（2018）认为跨域环境治理中，地方政府的避责策略分为责任下移和责任平移。郭渐强等（2019）认为，政策执行主体单一且囿于属地管理是协同政策执行主体陷于困境的主要原因。部门利益化体现在各职能部门对有经费支持的事务加以争夺，对涉及纯粹公益性的、执行困难程度较大的事务相互推诿（司林波等，2019）。政府部门间缺乏围绕公共服务的信息互联互通平台，政府信息被各部门"割据"和"私有化"，形成了"信息封地"（廖卫东等，2018），存在"正"外部性不愿分享利益，"负"外部性不愿承担责任的现象（林民书等，2012）。地方政府和被规制者"合谋"，致使跨域环境治理政策"空转"（郭渐强等，2019），传统治理模式以行政区划为权责利边界，阻碍了彼此间的信息交流与互动，有碍于达成区域合作治理愿景（田凯等，2015）。

三、治污减霾防控联动机制研究

（1）区域防控联动机制的效果探讨。部分学者开始尝试用 PM2.5 和 PM10 监测数据实证研究区域治污减霾防控联动对空气质量的改善程度。杨骞（2016）、杜雯翠（2018）运用双重差分法分别检验了山东省会城市群和京津冀区域空气污染联防联控机制的实施效果。胡宗义（2019）利用断点回归和空间计量方法对联防联控政策效应及其实现途径进行了研究，表明联防联控政策确实降低了空气污染程度。Min B. S（2001）研究表明，随着公众环境意识觉醒，公众参与环境治理的行为收益以及与合作共治的共同收益会增加，进而环境治理联盟的稳定性和长期性也会加强。石敏俊（2017）在环境承载力分析的基础上评估雾霾治理的政策效果。孙艳丽（2018）以环境资源、经济效益、社会效益为一级指标构建了治理雾霾联动协作机制的评价体系。张国兴（2014）构建了政策效力和政策协同度的度量模型并对我国节能减排政策的协同演变进行了分析。景熠（2019）基于结构方程模型对空气污染协同治理做了评价。陈诗一（2018）、孙艳丽（2018）构建了治理雾霾联动协作机制的评价体系，通过文献研究法和专家调查法进行评价指标权重的确定，能够根据雾霾治理监控情况进行联动协作治理的评价。胡爱荣（2014）论述了建立京津冀治理生态环境污染联防联控工作机制的重要性。李莉（2016）分析了长三角区域空气污染联防联控机制建立后的环境改善成效。

（2）地区利益博弈与防控联动行动逻辑。许多学者尝试将合作博弈理论及模型应用于区域空气污染防控联动机制研究。政府在区域防控联动机制中处于主导地位，建立政府间合作机制十分重要（王洛忠等，2016）。潘峰（2015）根据复制动态方程得到了参与者的行为演化规律和行为演化稳定策略，分析了地方政府环境规制策略的影响因素。高明（2016）用演化博弈分析地方政府在空气污染治理中的行为策略选择与演化逻辑，探究地方政府间达成并巩固合作治理联盟的因素。成本−收益是府际治理联盟达成的关键因素，治理成本分担和治理收益分配是空气污染集体治理的必要条件，联盟成员围绕收益的互动交易过程，中央政府对地方政府的政治压力和财政约束程度，这些决定了合作治理联盟的运行状态。周珍（2017）利用模糊数学理论和合作博弈论，分别从民众、企业以及政府的角度综合考虑治理雾霾需要的直接治理成本、经济发展成本、社会稳定成本以及社会健康成本，建立京津冀雾霾非合作治理模型以及区间合作治理博弈模型，分别计算了京津冀在非合作与合作情况下雾霾的治理成本、不治理成本以及治理策略，并考虑政府补贴对京津冀治理策略的影响，利用区间 shapley 值对最小的政府补贴进行分配。郭俊华等（2017）通过对陕西省雾霾污染成因进行具体分析，指出区域治污减霾需要政府、企业、公众以及非政府组织相互合作、共同治理。庄贵阳（2017）指出，协同治理理论特征与区域雾霾污染合作治理的要素存在耦合，识别"整体框架设计、治理目标兼容性、利益分配、信息互通"是决定京津冀雾霾协同治理体系变化的序参量。孟庆国（2018）根据京津冀地区政府间横向协同的组织结构特征和利益互动过程，构建跨区域环境治理政府间横向协同的"结构—利益"维度特征，并从这两个维度阐释京津冀跨域空气污染治理协同的行为方式与模式演化。王红梅等（2019）构建无、有中央政府约束下属地治理与合作治理"行动"博弈模型，探讨各方主体行动选择的演化路径与均衡策略。

（3）整体性治理视角下防控联动机制分析。这类研究起步于利用定性分析，着重探讨雾霾治理防控联动的制度、策略和手段。TANG S（2008）认为，合作治理是超越部门组织边界，在权力平等和资源互补的基础上，政府部门与私营部门以及公共组织共同建立网络关系，并且相互影响、监督制约、共享网络资源的合作过程。李胜（2017）、孙涛（2018）分别从整体性治理与合作性治理的角度，剖析超大城市环境治理政策碎片化、权责界定不清的问题，分析京津冀城市群府际合作网络的实践过程、内部结构和演化特征。王红梅

（2016）将环境规制工具分为管制型、市场型、自愿型三类，分析不同政策工具的治理效果并对政策实施提出了改进方案。范永茂（2016）认为，跨界环境治理成效与合作治理模式的选择有关。蔡岚（2019）从制度性集体行动理论的视域来分析粤港澳大湾区地方政府的联动策略，发现大湾区政府间以行政协议及区域规划为主要形式的嵌入性网络机制能够降低三地合作治理的交易成本。贺璇（2016）提出，应从合作组织、利益协调、有效激励、政策执行和多元参与等方面推进京津冀空气污染可持续合作治理的机制创新。王金南（2012）以空气流域、区域公共品、博弈论等理论为基础，探讨了区域空气污染联防联控主要技术方法，包括划分联防联控区域的原则、区域空气环境问题治理技术路线、区域污染物总量核算与配额预留标准，提出了区域空气污染联防联控保障体系构建建议。束锰（2019）从成立区域空气环境管理机构、落实空气污染生态补偿、强化法律法规执行以及扩大公众参与四个方面提出了完善我国区域空气污染联防联控长效机制的建议。

（4）防控联动机制的构建。借鉴国外雾霾治理技术创新机制——加大政府对雾霾防治的财政支持力度、加快雾霾防治专利审查速度、构建"官""产""学"联动机制等，结合中国实际情况，构建符合中国国情的雾霾污染防控联动机制（周景坤等，2018）。王秦（2018）、唐湘博（2017）从利益补偿机制、沟通协调机制、效益评价机制与反馈提高机制四个维度设计京津冀三方联动雾霾治理机制的总体框架。王惠琴（2014）从建立区域政府间的协调机制，建立地方政府与企业之间的非政府协调组织，建立普通民众与地方政府之间的监督机制，建立高校、科研院所与地方政府之间的决策参谋机制四个方面构建雾霾治理机制。谢宝剑（2014）提出构建涵括制度设计、具体机制和保障机制为主要内容的空气污染区域联动防治体系。魏巍贤（2017）、李云燕（2018）从空气治理立法与配套执行体系、跨界空气污染监测评估系统、跨区域组织领导机构以及跨区域生态补偿机制四个方面提出了政策建议。冯贵霞（2014）认为，分析政策执行网络中排污企业的策略性行为、地方政府的政策创新以及中央政府的政策调试，剖析中央政府、地方政府和企业三方的互动关系模式，应是完善空气污染防控联动机制设计的路径。

四、防控联动机制实施路径

（1）地方政府之间防控联动实施路径。省域内或省份间的生态补偿对于协调好区域间差异化利益需求有效（李志萌等，2020）。王洛忠等（2016）认为，选择有效的网络管理策略，充分发挥中央政府的统率作用，即协调好地方政府之间在区域环境治理过程中的矛盾，将合作意识转为合作行动，培养合作型信任，努力实现环境信息互通，则成为缓解区域合作治理困境的有效途径。孙丽文等（2020）认为，各地方政府之间不断完善协同治理政策法规、及时分享治理经验以及创新技术协同体系可以有效提升防控联动机制实施效率。财政分权体制对雾霾污染程度的影响，不同学者有着不同的看法。仅从财政分权改革对环境影响角度来看，雾霾治理问题类似于公共物品供给问题，研究表明，省直管县改革通过缩小规模变化效应、优化结构转型效应和提升技术进步效应等途径有效降低了雾霾污染程度，对于雾霾污染治理是有利的（张华，2020）。卞元超等（2020）认为，财政分权体制下地方政府市场分割行为对雾霾污染治理存在抑制效应，与刘华一样，分别从规模效应、结构转型效应以及技术进步效应三个方面进行研究，研究表明，市场分割行为通过抑制区域规模经济发展、抑制区域产业结构优化转型、阻碍技术进步，进一步阻碍区域间雾霾污染协同治理。李涛等（2018）认为，财政分权导致地方政府财政支出比例失调，抑制环境治理，可以以此为切入点构建区域治污减霾防控联动实施路径。综合而言，地方政府之间防控联动实施路径主要包括构建生态补偿系统、环境信息互通、各区域之间利益协调。

（2）地方政府与企业之间防控联动实施路径。市场型政策组合运用，陈菡等（2020）认为，末端治理、能效提升及结构调整三大措施在协同减排方面具有显著效果，末端治理主要针对高能耗多污染源产业，能效提升成本低、效果显著，结构调整可以从根源上减少对高能耗燃料的需求。马红等（2020）认为，从长期稳定角度来看，雾霾污染和地方政府行为对于企业提升创新意愿有显著调节效应，通过政府规范型政策和激励型政策结合、改革地方官员政绩考核系统以及为企业差异化制定环境规制标准等一系列合理政策搭配，依靠企业技术创新实现从"末端治理"向"源头治理"方式转变。奖罚措施结合是实现雾霾治理的有效途径（刘长军等，2019）。庞雨蒙等（2020）认为，地方财政科技支出可以有效带动地方企业科技创新积极性，进一步影响区域环境治理。邱景忠等（2019）认为，用筹集治霾经费、完善财税政策以及优化治霾体系等财税手段治理雾霾效率较高、效果较好，可以调动各企业治理雾霾的积极性。冯阔等（2020）对企业夜间偷排现象进行了研究，认为针对该现象应完善环境监督机制、实施奖惩措施、明确企业和属地政府责任，进而实现雾霾治理。杨昆（2019）认为，完善碳排放权交易系统，如合理制定碳交易规则、健全碳排放评价指标体系、降低企业引进新技术成本，可以有效协调好地方政府与企业之间治污减霾的冲突。雷玉桃等（2019）认为，产业结构生产要素合理化和主导产业高级化是实现治污减霾的两条有效路径。

（3）政府与公众之间防控联动实施路径。畅通公众监督渠道，中央政府以及社会公众对于区域环境治理有着不可或缺的监督作用（王洛忠等，2016）。政府与公众合作共治，庞雨蒙等（2020）认为，社会服务支出诸如教育支出可以提升人力资本，具有高人力资本的人群往往具有高环境保护意识和高环境质量需求，积极参与雾霾治理，严格监督地方政府区域环境治理工作，进而有效抑制雾霾污染。政府利用这些高人力资本人群，充分发挥其能人效应和榜样作用，引导公众积极参与到环境治理中。李芬妮等（2020）研究表明，具有高归属感和强主人翁意识的农户在参与区域环境治理时表现得更为积极，地方政府提升农户归属感和主人翁意识，积极引导公众参与环境治理，是实现区域治污减霾的有效路径。

五、文献评述

从以上文献来看，雾霾污染不仅危害公众身体健康，而且对经济高质量发展有一定的阻碍作用。从雾霾污染治理的技术层面看，学者多从能源结构清洁化、能源消费结构转变、清洁能源技术进步等角度进行研究。雾霾污染有其自身独特的空间溢出性和公共物品特性：

一方面，诸如环境经济学、公共管理等不同学科已经开始关注到雾霾污染问题不再是"城市的和企业自身的问题"而是"跨领域、跨区域的问题"，需要多个学科知识和多方实践部门合作治理，从雾霾污染治理的法律制度层面来看，相关研究思路从"属地治理"向"合作治理"转变，建立健全以中央政府为主导，各区域政府间协同治理以及多元主体共同参与，社会公众监督的治污减霾联防联控机制显得尤为重要。与此同时，学者们探讨了区域环境治理模式如何适应不断转变的污染特征以及经济体制，通过经济处罚或环境禁令直接管理排污行为，造成信息收集、行政执法等成本较高，中国式财政分权制度下"唯 GDP 考核"的官员晋升制度导致地方政府往往只看重经济增长而无暇兼顾对环境污染的治理，这种激励扭曲了地方政府间的竞争，"竞次竞争""搭便车"现象严重，而利用市场或创建市场的方式是环境治理中"政府失灵"

的有效补充，通过消除价格扭曲，利用税、费提高价格以反映环境成本，创建排污权交易市场等将环境外部性"内部化"。环境经济学研究方向之一是如何弥补市场缺陷、校正市场失灵，使外部成本内部化，提高稀缺资源的配置效率，最具有代表性的是庇古提出的政府干预模式和科斯提出的产权交易模式。

另一方面，学者们从各个方面研究了英国、美国等国家，还有国内一些城市群诸如长三角和京津冀等地空气污染治理防控联动的历程，研究成果丰富，但关于关中城市群的治污减霾防控联动的相关研究较少，现有研究主要是对雾霾治理与经济发展间的协调提出对策建议，缺少结合关中城市群治污减霾提出针对性防控联动机制的研究。不同研究者所处的时代背景不同，其研究的思路和方法各有侧重，已有研究大多站在各自学科角度分别关注政府（公共管理）、企业（工商管理）、公众及社会组织（社会学）的环境治理活动，较少将三者放在同一学科框架下进行分析，缺乏对如何通过多元主体间防控联动实现治污减霾的机制的探寻。

第三节　研究内容和方法

一、研究内容

本书在系统梳理跨区域环境协同治理相关理论与方法的基础上，结合关中城市群各市治污减霾效率的变动趋势以及空间关联性，提出防控联动是关中城市群提升整体治污减霾绩效的必要选择，并从已有防控联动形成过程、关系网络及政策工具等方面切入，探究防控联动机制运行困境和破解思路。基于参与防控联动的多元主体视角与主体之间行为互动逻辑，构建"地方政府-地方政府""地方政府-企业""地方政府-公众"三层关系，考察"地方政府-地方政府"之间政策协同强度的影响因素，分析"地方政府-企业""地方政府-公众"之间联动路径以及不同路径对治污减霾效果的贡献程度。厘清了地方政府主导、企业为主体和公众参与的防控联动机制实现路径。具体从以下几个方面展开研究：

（1）阐释关中城市群治污减霾防控联动机制研究的理论基础。阐述关中城市群治污减霾防控联动机制研究的紧迫性和必要性，拟从环境经济学、管理学等理论层面厘清关中城市群治污减霾防控联动相关概念、研究对象、研究方法、根本原则、逻辑起点、基本任务和理论主线。

（2）从投入与产出角度构建各城市治污减霾评价指标体系，选取考虑松弛变量的超效率 DEA 模型，测算西安、宝鸡、咸阳、铜川和渭南 2006~2017 年治污减霾效率，分析各市治污减霾效率在空间的异质性、关联性，提出研究防控联动机制的必要性。

（3）关中城市群治污减霾防控联动机制的实证研究。基于参与防控联动的多元主体视角与主体之间行为互动逻辑，构建"地方政府-地方政府""地方政府-企业""地方政府-公众"三层关系，利用关中城市群各市 2009~2017 年面板数据，运用回归与中介效应模型，考察"地方政府-地方政府"之间政策协同强度的影响因素，分析"地方政府-企业""地方政府-公众"之间联动路径以及不同路径对治污减霾效果的贡献程度。

（4）关中城市群治污减霾防控联动机制的实施路径。第一，从不同类型跨部门协同机制面临着不同程度的交易成本入手，结合地方政府雾霾协同治理在内容、机构和机制上取得的成效，比较纵向协同机制和横向协同机制成本差异，认为关中城市群雾霾合作治理中，以发挥纵向政府协同的作用为主，地方政府的横向协同相结合，以降低政府间协同交易成本。第二，基于投入导向的节能潜力模型，测算各个城市潜在的节能空间，激发各级政府联动治污减霾的意愿，力控地方政府"自我利益"，突出关中城市群"共同利益"。同时，围绕政府间以治污减霾为目标的信息互通，构建信息互通机制。第三，政府与企业之间联动机制，政府通过构建排污权交易市场，使用绿色金融等经济手段，采用市场机制与政府干预有机结合模式，实现产业、能源结构转型与治污减霾目标激励相容。第四，通过引导参与、合作共治、监督约束三个阶段互动，拓展政府与公众联动范围和程度。

（5）关中城市群治污减霾防控联动机制政策保障。从深化政府部门协作制度、推进城市群能源一体化建设、完善法律法规保障等方面探索防控联动机制的政策保障，进而确保关中城市群治污减霾防控联动机制运行的长效性。

二、研究方法

（1）文献研究法。在理论方面，本书系统梳理治污减霾防控联动等方面研究的国内外专著、期刊文献、调查研究报告等文献资料，厘清跨区域环境治理中防控联动研究现状；在实证材料及数据方面，从网络报道、数据库、各年度统计年鉴等收集整理相关统计数据。

（2）实证分析法。采用超效率 DEA 模型测算各市治污减霾效率、技术进步效率及规模效率，运用中介模型分别研究"地方政府–企业""地方政府–公众"的联动路径以及这些路径影响治污减霾的程度强弱。

（3）规范分析法。采用环境经济学、计量经济学等学科研究方法，结合相关学者和专家的研究成果，探究关中城市群治污减霾防控联动机制构建和实施路径，阐述防控联动机制对治污减霾产生的预期政策效应。

第四节　研究思路及框架

本书拟对治污减霾综合防控联动机制相关文献与理论进行梳理与总结，剖析研究对象，结合关中城市群经济发展与雾霾治理状况，提出假设，选取指标和数据，构建中介模型进行实证检验，在理论分析和实证检验结构基础上，拟从政府之间防控联动、政府与企业之间防控联动、政府与公众之间防控联动等方向研究关中城市群治污减霾防控联动机制，探索关中城市群治污减霾防控联动机制实施路径。

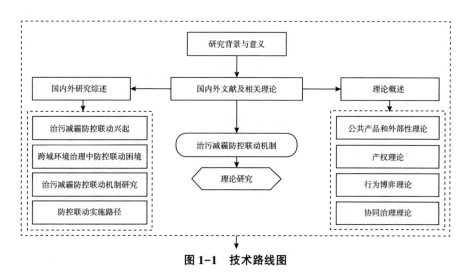

图 1-1　技术路线图

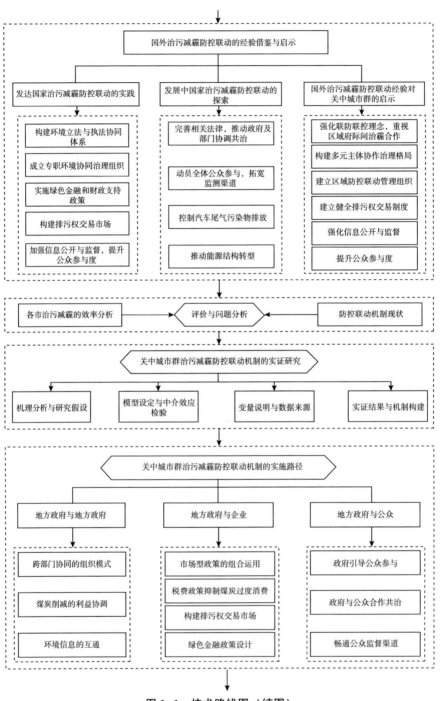

图 1-1 技术路线图（续图）

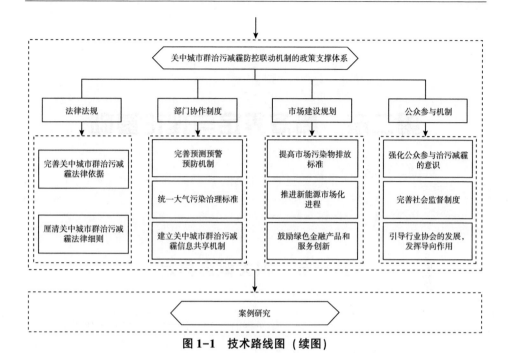

图 1-1　技术路线图（续图）

第二章　概念界定与理论基础

第一节　相关概念界定

一、关中城市群

关中城市群地处陕西中部，北边紧接北山，西起宝鸡的陇县，东到潼关，南靠秦岭北坡。整个城市群面积约为 55 万平方千米，以西安市为核心，涵盖了西安、咸阳、宝鸡、铜川、渭南总共 5 个地级市。

（一）自然地理特征

关中地区西起大散关，东至函谷关，是两关之间的盆地，故称关中。位于陕西中部，介于北纬 33°33′~35°52′，东经 106°13′~110°40′，以宝鸡以东、黄河以西、陕北高原以南、秦岭以北的泾渭流域作为边界，现代意义的关中地区在行政区划上包括西安、铜川、宝鸡、咸阳（含杨凌）、渭南 5 个行政区，共 54 个县（市、区）。海拔高度在 400~500 米，东西长约 360 千米，总面积79800 平方千米。南倚秦岭，北界"北山"黄土高坡，介于陕北高原与秦岭山地之间。西起宝鸡峡（秦岭和黄土高坡的结合），东迄潼关港口（潼关和黄河形成的通风口）。关中盆地是由河流冲积和黄土堆积形成的，地势平坦，号称"八百里秦川"。基本地貌类型是河流阶地和黄土台塬。关中地区天然形成了"U"形河谷地地形条件，在地形上容易形成温度倒置现象。受地形的阻挡作用和不利气象条件如逆温、低风速等共同作用，区域排放进入大气中的污染物很难形成对流和扩散，污染物聚集后危害放大。同时关中地区工业密集，机动车保有量大等因素更加剧了区域大气环境的污染，各类大气污染物浓度累积形成二次污染的概率大大增加，极易对区域环境以及人体健康造成巨大影响。

此外，关中地区冬天冷空气偏弱，天气以晴朗、小风或微风为主，日平均风速在1.5米/秒以下，不能带来有效的风力扩散条件，污染物的水平扩散能力非常差，不利于大气污染物的扩散。夏季天气炎热、蒸发量大、太阳辐射强、大气稳定度高，有利于光化学烟雾特征污染物 O_3 等二次污染物形成和累积，导致城市群内局部区域光化学烟雾污染明显。关中五市是陕西的重要城市，是关中地区城市建设和经济发展的重要支撑，随着城市群建设步伐的加快，城市群区域环境污染问题日益加重，已经成为陕西环境空气污染防治的重点和难点。随着关中城市群区域社会经济的进一步快速发展，必然会加大对环境空气污染的影响，因此，加强关中城市群区域和重点城市环境空气污染防治是城市群可持续发展战略的重要组成部分。

（二）区域资源条件

（1）农业基础。关中地区是我国著名的农业生产区，盛产小麦、玉米、水稻等粮食作物和棉花、油料、蔬菜等经济作物。关中城市群分布了陕西78%的商品粮基地县、77%的苹果基地县和56%的瘦肉型猪基地县。其中，临潼石榴、周至猕猴桃、铜川名贵中药材等已具有很好的市场基础。渭南土地广阔、气候温和、降水适中、光照充足，是陕西最优良的农业生产区，目前已形成了粮食、苹果、花生、生猪、秦川牛等10个商品基地，被称为"陕西粮仓"。宝鸡是陕西重要的粮油和副食品生产基地，有苹果、辣椒、花椒、核桃、生漆等。咸阳地处"八百里秦川"腹地，农业生产结构合理，是陕西主要的粮棉果基地。西安的果业生产和城郊蔬菜业较发达，拥有多个瘦肉猪、笼养鸡和奶畜基地。

（2）矿产资源丰富。关中地区矿产资源种类多、储量丰，是陕西重要的能源基地和原材料基地。其中，银、锌、铅、金等金属矿产优势突出，为发展有色冶金工业奠定了基础；建材、煤炭资源也较丰富，发展潜力巨大。目前，宝鸡已发现数十种矿产资源、上百处矿产地，已探明的矿产资源潜在经济价值达上千亿元。铜川的矿产资源有四大类种，优势矿产有煤炭、灰岩、油页岩、耐火黏土等。渭南的原煤地质储量丰富，有"渭北黑腰带"之美誉，银矿、黄金、石灰石、大理石等储量丰厚。

（3）旅游资源丰富。关中地区旅游资源得天独厚，人文景观和自然风景都有显著优势。秦岭是我国南北分界线，观光、科考价值突出；渭水是黄河的第一大支流，横贯关中城市群。关中城市群发展历史悠久，文物古迹数量多、规模大且分布集中，被誉为中国天然历史博物馆。目前，关中城市群有两万余处文物保护点，多处重点文物保护单位，上万件馆藏文物，已经成为全世界的旅游热点区之一。

（三）社会经济发展状况

关中平原城市群产业结构以第二产业为主，由于区域内煤炭资源丰富，能源消费以煤炭为主，因此关中城市群聚集了采矿业、化工原料及加工业、能源工业、矿产行业电力和热力生产行业等高耗能、高污染行业。2018 年，关中城市群人口数量为 2392.5 万人（占全省人口总数的 61.91%），GDP 为 15128.69 亿元（占全省 GDP 总数的 61.91%），人均 GDP 为 63233.81 元，三次产业结构占比为 6.82∶43.72∶49.46，是西北地区综合经济实力最强的区域。从社会发展来看，关中城市群城镇化率不断上升，这说明关中城市群城镇常住人口的比重不断提升，城镇化规模不断扩大。截至 2017 年底，关中城市群除咸阳城镇化率为 46.32% 外，其余四市均已达到 50% 以上，其中西安和渭南遥遥领先，分别为 67.12% 和 64.63%。

关中城市群经济总量总体呈迅速增长态势但城市群内部经济发展不协调问题仍然突出。其中西安地区经济比重在整个区域中占绝对优势，截至 2018 年，西安地区生产总值达 8349.86 亿元，集中了关中城市群大部分工业、科技、教育资源，区域首位度较高。在经济增速方面，西安经济增速达 11.8%。而关中城市群其他四市与西安相比，经济发展水平相对较低，其中铜川地区 2018 年生产总值最低为 327.96 亿元，渭南为 1767.71 亿元，经济增速偏低。

二、雾霾

雾霾为雾和霾的综合体，夹杂着颗粒物的水汽悬浮状态，其色彩一般呈现黄色或橙灰色，在单日内无明显变化。雾霾中的霾成分对人体伤害极大，而溶解了有害物质的雾与正常的雾相比也有危害。通常情况下，霾可以诱发多种疾病，例如咽炎、哮喘、气管炎等。雾霾会造成大气能见度下降，空气流通受阻，阻碍污染雾的扩散，这时雾霾天气就会显现得更加严重。关中城市群雾霾污染源以重工业排放的二氧化硫、氮氧化物以及烟（粉）尘为主，高耗能行业燃煤，工业挥发性有机化合物等也是雾霾污染的重要成因之一，汽车尾气、建筑扬尘和马路扬尘也是较为分散的污染源头，尤其是进入冬季采暖季后，城市建筑采暖和农村散煤燃烧导致污染排放强度增加一倍，容易诱发范围广、持续时间长的重污染天气。

（一）雾霾主要成分

中国气象局认为：霾的核心物质是空气中悬浮的灰尘颗粒，气象学上称为气溶胶颗粒。按照国际能源署的解释，雾霾的主要成分是颗粒物、二氧化硫（SO_2）和二氧化氮（NO_2）。空气中的颗粒物分两种：一种是空气动力学当量直径在 10 微米以下的颗粒物称为 PM10，又称可吸入颗粒物或飘尘。由于其直径较小，故可穿过人体呼吸系统进入体内；另一种是每立方米空气中直径小于或等于 2.5 微米的颗粒物，称为 PM2.5，由于该颗粒物的平均宽度约为人体头发的 1/30，体积非常小，能够直接到达呼吸系统深处。因此，它又称为可入肺颗粒物或细颗粒物，我国政府文件中一般称其为细颗粒物。PM2.5 通常会积聚有害重金属、致癌物、细菌以及病毒。吸入 PM2.5 不但危害人的呼吸系统，影响肺功能及其结构，而且会降低人的免疫功能，增加发病率、死亡率和患各种癌症的概率。

（二）"雾"与"霾"的区别与联系

"雾"和"霾"是两个不同的概念，在气象观测上属于不同的天气现象。根据《中国气象报》中对于雾霾的权威定义：雾是大气中悬浮的由小水滴或冰晶组成的水汽凝结物，水平能见度小于 1.0 千米；霾，也称灰霾，是指原因不明的因大量烟、尘等微粒悬浮而形成的浑浊现象。霾的核心物质是空气中悬浮的灰尘颗粒，气象学上称为气溶胶颗粒，水平能见度小于 10.0 千米。两者混合称为雾霾。雾与霾的水分含量是不一样的，当相对湿度大于 80% 时，一般出现雾，霾的相对湿度一般低于 70%；从色彩的角度看，雾多表现为乳白色或蓝白色，而霾则是黄色或橙灰色。此外，大雾有明显的日变化，霾的日变化却不明显，雾会随着气温的升高逐渐气化蒸发散去，因此雾大部分会因为太阳的升起而消退；而霾不会受温度的变化而变化，它的形成和变化是由大气层的稳定性决定的。霾本身就是在空气中悬浮的颗粒物，所以霾和空气质量的关系是直接的，与此不同的是，雾有相对稳定的大气分层，空气中浮动的杂质颗粒会随着气流流动不畅而堆积，连续的雾天气会使得空气流动越来越差，导致各种污染物、细菌等不容易扩散，使空气质量下降。这说明雾天气和空气污染是一种间接的关系。

（三）雾霾的形成原因

空气中的悬浮颗粒是雾霾的主要组成部分，其与风向有着密切的关系，城市中的高楼大厦对流经市区的风有阻碍和摩擦作用从而使风力减小，空气中的颗粒物在风级较小或者无风情况下不能很好地流动和扩散，最终使得悬浮颗粒在城区、郊区的上空聚集。同时，城市热岛效应出现，近地面空气气流的垂直运动受到影响，近地面的悬浮颗粒不易向高空扩散，使得空气中的悬浮颗粒被阻滞在近地面和低空的区间内。

随着社会经济的发展、工业技术水平的提高、城市人口不断增长，并且伴随着城市居民生活水平的提高，越来越多的家庭拥有私家车，直接导致空气中悬浮物的增加，引发能见度的降低。以上这些现象使得灰霾出现后与大量的烟雾颗粒、尘埃等凝结存在于空气中，遇到水滴时凝结在水滴上形成雾，同时雾气不容易被吹散从而使雾和霾相伴出现。此外，冬季燃烧煤炭、稻秆焚烧、汽车尾气等所产生的废气和化工企业排放的废气等经过复杂的化学反应都可以形成雾霾，城市建设中的扬尘也是雾霾的重要来源。一些城市除了自身产生的废弃物外，由于地理位置和风向的关系也会受到周边地区的污染，造成严重的雾霾天气。

从物理学的角度来看，雾霾形成是空气中悬浮的大量微粒和气象条件共同作用的结果，其成因有三：①水平方向的静风现象增多。随着社会经济的发展，城市楼房等建筑物越来越高，这些建筑所产生的阻挡和摩擦使风速减小，不利于悬浮微粒的扩散与消除，风速较小使得颗粒物容易出现堆积。②城市垂直方向上地面温度较低，上空温度较高，即出现了逆温现象，逆温层就像一把大伞罩在了城市之上，这种低空比高空气温反而低的现象，会使得大气层的垂直运动受到限制，空气中的颗粒难以向高空飘散从而聚集到城市近地面。③其余颗粒物的增加，城市的发展，人口的增长，各类工业体系的建立，都使得大量污染物排放到空气里，使得悬浮物大量增加，导致了能见度的降低。

三、治污减霾

治理是政府部门或其他公共部门，为实现预期目标进行的公共事务管理活动。治理过程依靠某种组织结构，通过政策和规则等设计，协调与平衡治理者和被治理者之间的利益关系，促使被治理者遵从一定的行为准则。治污减霾有两种含义：广义上，是指将经济发展对环境造成的负外部性调整在环境容量允许的范围内，以环境科学、公共管理以及资源经济等理论为基础，采用复合型政策工具，包括技术、经济、法律等手段，对环境治理资源进行整合与配置；狭义上，是指政府主导下通过制定环境规制，采取环保类末端治理政策，对污染主体施加影响进行预防和控制，进而推动产业结构、能源结构以及交通运输结构等一系列调整，实现节能减排目标，最终实现经济、社会和环境效益的统一。按照对事务发展全过程的控制，治污减霾可以分为事前治理、事中治理以及事后治理三个阶段。

第一阶段，事前治理，主要是指利用绿色植物对大气质量进行调节，这需要大规模地进行绿化，特别是在城市的迎风口上端和城市的排风口下端，同时联合中间的城市绿化带规划，形成一个大气净化通道。从上端的迎风口为城市带来洁净的空气，可能被城市污染过的空气随风向飘向城市排风口的下端，在下端的绿化带中被吸收。第二阶段，事中治理，主要是指对产生大气污染的源头进行控制，强制减少大气污染物的排放。这就要求对我国的能源结构、产业结构的布局进行合理的调整，制定更加严格的环保准入，从大气污染物的排放浓度和排放总量两个方面进行严格的把关。第三阶段，事后治理，主要指对已经形成的大气污染状况采取必要的措施进行缓解，对污染空气进行净化处理。比如在重点行业全面推行清洁生产，包括清洁生产审核、清洁生产技术改造等。还可以通过发展循环经济的方式，进行废物交换利用、废弃物品再制造等大力发展资源回收再生利用产业。换言之，治污减霾就是通过事前治理、事中治理、事后治理三个阶段的全过程治理，以达到减少大气污染物的排放或者净化空气中已存在的污染物之目的，而进行的整治和调理。

治污减霾是一场攻坚战。美国洛杉矶在 1943 年曾出现严重的雾霾天气，但直到 1970 年《清洁空气法案》的出台，美国空气质量才有了明显的改善。1952 年，伦敦同样遭受雾霾问题困扰，前后导致万余人死亡，1956 年英国议会通过了《清洁空气法案》，加强治理空气污染，一直到 2010 年才得到根本好转。根据美国、英国等国家治理大气污染的经历，关中城市群要从根本上治理大气污染，改善空气质量，就需要较长时间的努力。此外，对于关中城市群而言，其雾霾污染源以重工业排放的二氧化硫、氮氧化物以及烟（粉）尘为主，高耗能行业燃煤、工业挥发性有机化合物等也是关中城市群雾霾污染的重要成因之一。汽车尾气、建筑扬尘和马路扬尘则是较为分散的污染源头，尤其是进入冬季采暖季后，城市建筑采暖和农村散煤燃烧导致污染排放强度增加数倍，再加上关中地区特殊的地形，更加大了关中城市群治污减霾的难度。

四、防控联动机制

区域大气污染防控联动机制是指以解决复合型、区域性大气污染问题为目标，依靠区域内地方政府间对区域整体利益所达成的共识，运用组织和制度资源打破行政区域的界线，以大气环境功能区域为单元，让区内的省、市之间从区域整体的需要出发，共同规划和实施大气污染控制方案，统筹安排，互相协调，互相监督，最终达到控制复合型大气污染、改善区域空气质量、共享治理成果与塑造区域整体优势的目的。

（一）大气污染防控联动机制的内涵

1. 防控联动机制的定义

联防联控按文义解释是联合防治与联合控制，由两个子概念集合而成。但新修订的《中华人民共和国环境保护法》（以下简称《环保法》）已赋予联防联控以新的法律含义，其指出联防联控是联合防治协调制度，是一个整体的概念。故区域大气污染联防联控法律制度便是指以现有组织与制度资源冲破行政区划的束缚，以大气污染传输辐射范围为单元划分区域，并要求区域内各省市站在区域整体性的角度，相互协调、统筹安排以共同制定与实施大气污染防治方案，互相监督以最终达到有效控制大气污染、真正改善空气质量目的的大气环境管理法律制度。

2. 防控联动机制的特征

从这个概念出发，区域大气污染联防联控机制包括四个方面的内容：主体机制、目标机制、运行机制和保障机制。

区域大气污染治理防控联动的主体机制是指区域内联防联控在主体范围内确定的参与或者不参与等包含防控联动主体问题的原则和制度体系的总称，主体机制的核心是解决"如何确定防控联动大气污染治理的主体"和"谁是防控联动大气污染治理的主体"的问题；目标机制是指在防控联动合作关系中，各方主体具备一致的实际、有效、合作、预期的目标；运行机制是指主体间为确保实现一致目标所建立的组织、规章以及程序体系；保障机制是指为保障主体间合作的长效性、防控联动工作顺利进行，在其他一切具体运行机制的基础上建立的一套明确的制度与技术保障体系。这种管理模式使大气污染治理更有针对性，能够降低单个个体治理的成本，提高治理效率，增强区域间的合作和利益协调。

3. 建立防控联动机制的必要性

（1）大气污染的流动性和区域性决定了在治理过程中应采取防控联动的措施。大气具有流动性，大气中存在的污染物会随着大气运动被输送至其他地区。因此，即使某一地区的大气污染物排放量并未超出其环境容量，也可能会因外地污染物的输入而出现大气污染天气。由此可见，由各地方政府分别、单独治理大气污染的方式并不能真正、彻底地实现本地区空气质量的改善。虽然大气在全球范围内循环流动，没有边界，但某一地区的污染源排放的大气污染物不会马上扩散、均匀混合到全球大气中，而是在一定的空气流域内传输、扩散。大气污染物的扩散具有区域性，这一区域的范围受地形和气候条件影响，通常会涉及多个行政区域。因此，需要建立大气污染防控联动制度，将污染物扩散区域内的各个地方政府联合起来，从区域整体着眼制定防治措施，协同行动。

（2）大气环境资源的公共性和外部性要求建立大气污染防控联动制度。区域公共物品是指效益覆盖经济地理联系紧密的一定地域范围的公共物品，其效益覆盖范围通常涉及多个行政辖区。大气环境资源属于区域公共物品，具有非排他性和非竞争性，区域内任一城市均能消费该区域内的大气环境资源。区域内的城市为了追求个体利益最大化，都会最大限度地利用大气环境资源，最终导致总的大气污染物排放量超出本区域的大气环境容量，造成区域性的大气污染。同时，大气环境资源又具有显著的外部性，在污染治理过程中容易出现"搭便车"的现象。当区域内某一主体采取措施减少污染排放后，其他主体不需付出任何代价便可享受减排带来的效益。而且，采取治理措施的主体之间也会因为缺乏沟通、协调，出现治理设施重复建设等问题，造成资源浪费。因此，应当采取防控联动的治理措施，加强合作与沟通，相互制约与监督，提高区域大气环境资源的利用效率，控制大气污染；建立利益补偿机制，充分调动地方政府治理大气污染的积极性。

（二）建立防控联动机制的原则

1. 环境保护与经济发展相协调

以资源环境承载力为基础，在保护中发展、在发展中保护，促进经济社会与资源环境相协调。以改善区域大气环境质量为核心，综合考虑区域经济发展、污染防治技术要求及环境状况，确定区域大气环境总体目标。基于区域大气环境问题特征、污染超标情况，协调确定区域大气环境质量目标，包括区域性环境质量目标和城市达标率目标。严格环境准入，加快产业结构调整，优化工业布局，调整能源结构，促进经济发展方式转变。

2. 防控联动与属地管理相结合

防控联动要建立在科学合作和政策协商的基础之上，按照"责任共担、利益共享、权责对等、协商统筹"的思想，建立健全区域大气污染防控联动管理机制，划分重点控制区与一般控制区，实施差异性要求结合属地管理，明确区域内污染减排责任和主体，形成区域联动一体的大气污染防治体系。

（1）责任共担。区域大气污染控制区内的各行政区以及各类主体对大气环境质量改善负有共同的责任。各地经济发展水平和环境容量不同，经济产业结构各异，所处污染接收与输出的地位也不一样。如果没有相对公平的责任、利益调节机制，各主体很难产生合作的意愿。在区域环境改善的整体目标下，明确各地的减排任务、根据其污染贡献承担不同的责任，对特定受到损害的子区进行适当补偿。

（2）权责对等。根据污染物的跨境传输，明确各个地级市对区域环境的责任，进而对其进行具体的责任要求，包括区域范围内的总体环境目标和环境质量标准制定，实现基于环境绩效和经济贡献结合考虑的排放指标和治理责任分配，区域范围内的信息统筹和科学研究，协调解决跨界污染问题，应对突发环境事件，并在整体范围内实现有效的总量、质量监督。

（3）利益共享。环境保护不仅是一种成本支出，大气环境质量的改进同时也意味着民众生活质量以及经济发展质量的提升，区域大气污染控制和大气环境质量改善的效益应由区域内各类主体共享。同时，由于区域发展不均衡且技术和生产工艺差异突出，各地和各类污染源控制成本差异大，通过有效利用区域内减排责任实现的弹性政策手段，有效利用推动区域内的环境保护责任与利益的共担和共享制度建立，促进区域内环境目标实现的总体社会成本最小化。

（4）协商统筹。充分考虑不同区域之间经济、社会与环境之间的差异，通过区域环境管理合作制度的建立，建立各地区和各类主体具有利益诉求机制和冲突协调机制，形成区域整体目标共识。

3. 总量减排与质量改善相统一

根据总量减排与质量改善之间的响应关系，建立起以空气质量改善为核心的总量控制技术体系，实施二氧化硫、氮氧化物、颗粒物、挥发性有机物等多污染物的协同控制和均衡控制，有效解决当前最突出的光化学烟雾、灰霾、酸雨等污染问题。统筹区域环境资源，建立公平合理的污染防治目标，实现区域经济与环境的协调发展。统筹考虑区域内各城市社会、经济、环境发展状况，兼顾长期和短期利益，建立起有利于实现区域公共利益最大化的大气污染物排放总量分配机制。根据地区产业结构的特点和排污总量的特征，针对环境污染严重及对区域大气环境质量影响较大的地区分期、分批制定总量控制指标，严格控制排污总量创新环境经济政策，建立发展补偿等利益均衡机制，推动区域整体发展。

第二节　相关理论概述

一、公共产品和外部性理论

（一）公共产品理论

现代公共物品理论的诞生是以萨缪尔森在 1954 年发表的《公共支出的纯理论》为标志，首次将公共物品与帕累托效率联系起来，并给出了公共物品有效提供的边际条件。随着公共物品理论的发展，不同的理论学派对公共物品理论均提出了相应的观点，并从不同视角就公共物品所引发的经济学问题展开讨论。

1. 新古典范式公共物品理论

从"非排他性"和"非竞争性"的思路定义公共物品，是新古典公共物品理论的特征之一。公共物品的排他性是指无法将不付费的消费者完全排除在外，或者说，排他成本过高。从"非排他性"出发得出的逻辑结论是公共物品私人供给不足或无法供给，这是"市场失灵"的表现之一。因此，解决这一问题需要通过公共渠道（通常是指政府）提供公共物品。"非竞争性"是指某人对公共物品消费不会降低其他消费者对该物品的消费数量或质量，即在一定的公共物品产出水平下，增加一个消费者的边际成本为零。公共物品大致可以分为纯粹的公共物品和混合物品或准公共物品两种类型。

如何实现公共物品有效供给，这一问题成为新古典公共物品理论的重要议题，围绕这一问题，众多学者展开了供求均衡分析。庇古首先明确指出资源在公共产品与私人产品间最优分配的基本原则，具体为如果一个消费者对公共物品消费的边际正效用正好等于所支付税款的边际负效用，则称之为公共物品有效供给。萨缪尔森提出了公共产品供给模型，将一般均衡模型扩展到公共产品供给模型，分析结果是：消费上的边际替代率之和等于生产上的边际转换率。总之，新古典公共物品理论将经济问题视为"资源配置"，因此对"最优配置"的研究更加深入，旨在由政府实现市场所不能实现的帕累托效率。

2. 交易范式公共物品理论

作为公共选择学派的创始人，美国著名经济学家布坎南并未采用新古典范式作为分析工具，而是应用交易范式作为分析工具，因此它的公共物品理论被称作交易范式公共物品理论。布坎南在其著作《公共物品的需求与供给》中，对公共物品的定义为："若某些物品或者服务可以通过市场制度实现供求，而另一些物品则通过政治制度实现供求，则前者被称作私人物品，后者被称作公共物品。"可以看出，布坎南仍然沿袭公共物品"非竞争性"与"非排他性"的两个属性，"非市场决策过程"在其分析中则着重强调。与新古典公共物品理论相比，交易范式公共物品理论特征主要概括为以下几点：①从决策过程出发界定公共物品。布坎南认为供给方式与组织需求是公共物品的基本属性，那么集体决策就无法成为公共物品本身的特征。简言之，若决策的一般过程是有"公共的"特征，那么公共物品理论就具有一般适用性。②以"交易范式"的视角审视公共物品。布坎南指出，"自愿交易"才是经济的核心特征，"最优配置"只是理论上的状态。那么经济学的研究任务是对交易的研究，不要过分追求"最优"。换句话说，公共物品通常选用交易范式的方法论，而私人物品通常选用新古典范式的方法论。③公共物品的需求与供给是同时发生的。布坎南强调，供给双方的同时性是公共物品决策的基本属性，公共物品决策的主体既扮演着消费者的角色，也扮演着供给者的角色。进一步地，"主观成本论"成为交易范式公共物品理论的表现，内涵为：只有人的行为才会决定物品属性。在进行决策分析时产生的"外部成本"（或称"决策成本"），抑或是交易公共物品产生的"税费分担"，均具有主观色彩。它还是人们进行公共物品交易时对"税费分担"的关注。在公共物品决策的制定过程中，根本上只有一种选择：到底是个人选择还是集体选择。因此，布坎南申明决策者的决策制定成本并非预测理论下所定义的"成本"概念，而是一种"主观心理事件"。在对共物品决策时，不仅要依据自身的主观评价考虑成本，更包括其他人眼中对这一决策的主观评价。

在现实生活中，空气环境作为一种典型的公共产品，区域内各个城市都可支配整个空气环境容量资源，每个城市使用清洁空气的效用和受益都不受其他城市使用的影响，清洁空气不存在"属地"性。清洁空气作为公共物品，其生产和消费问题通过个体决策无法解决供给，而政府作为公共利益的代理人，必须承担起供给清洁空气的任务，纠正清洁空气"消费过度"的市场失灵。

（二）外部性理论

外部性最早由英国剑桥学派亨利·西奇威克提出。关于外部性，它主要是针对穆勒的灯塔问题进行探讨。西奇威克并没有明确指出外部性这一概念，但他已经认识到在一定市场条件下，人们提供某种劳务或者产品获得的收入不一定能够弥补其成本。这与我们所谓的外部性非常接近。但真正提出外部性概念的是英国著名经济学家马歇尔，之后对外部性理论有重大贡献的是经济学家庇古和科斯。1890 年，马歇尔在《经济学原理》一书中首次提出外部性概念。在此书中，马歇尔提出除了劳动、土地和资本三种要素外，还存在工业组织这样一种要素。马歇尔使用"内部经济"和"外部经济"解释"工业组织"这种要素的变化对产量的影响。他认为，内部经济是由企业组织内部分工引起的；外部经济是企业组织间分工引起的。此后庇古利用边际分析法，从福利经济学的角度对外部性进行研究，并把外部性的内涵从企业延伸到居民，形成外部性的静态分析基本技术。庇古认为，外部性的产生是由于边际私人成本与边际社会成本，以及边际私人产值与边际社会产值的差异造成的。正是由于这两种成本与价值的不对等，使自由经济市场无法实现帕累托有效。庇古为了说明这一理论，用环境污染、海上灯塔等例子说明经济活动存在的外部性。此后，布坎南、贝特和斯塔布尔宾等以庇古的研究方法为基础和导向，对外部性理论进行进一步拓展，但直到科斯的出现，外部性理论才有了新的突破。作为新制度经济学的创始人，科斯发现并解释了交易费用和产权对经济行为的影响，认为外部性的内部化不能局限于庇古税一种手段。科斯认为，市场机制可以很好地解决外部性问题。例如，当交易费用=0 时，不需要通过庇古税方式进行解决；当交易费用>0 时，需要通过对成本—收益的比较来确定究竟采取政府还是市场手段。

根据"外部性"影响，即外界是从外部性中受损或是得益，区分为"外部经济"和"外部不经济"。经济学家庇古指出，必须通过政府干预手段调整市场外部性，校正市场失灵，对于正的外部效应，政府应给产生正外部性市场主体一定的补贴；对于负的外部效应，政府应有作为，采用征税和罚款等政策，将负外部性造成的社会成本内化为私人成本。在纠正空气污染问题上，政府应该通过环境规制等政策设计，将污染的外部性内部化，构建"排他性"的有效产权结构。解决"负外部性"是治理空气污染问题的关键因素，政府制定或者维护适当制度，创建和支持自然资源等产权，就能消除或缓和市场中负外部性，提高公共物品和服务供给，增强社会效益。

根据绿色和平组织测算，关于 PM2.5 的区域外部性的一个典型例子是，一个地方 PM2.5 的排放约 1/4 会漂流到 200~300 千米之外的区域。空气污染具有典型的负外部性特征，污染面广泛，使经济、健康等遭受巨大损失，污染治理牵扯的利益主体多元，治理需要长效性和系统性。从外部性理论角度分析区域空气治理，一方面，当一个城市只追求经济发展或者降低环保门槛，会造成周边城市生态福利的损失；另一方面，一个城市治理空气成效会随着空气流动而使整个区域受益。因此，能否有效纠正环境污染外部性直接关系到区域内各个城市协同治理的积极性。

二、产权理论

产权理论以产权为核心研究经济运行背后的财产权利结构，将稀缺资源理解成为一系列不同经济属性（通俗地说是对特定利益主体的"有用性"特征）的集合体，利益主体获取资源本质是获取资源产权而获取利润。简单地说，"产权是社会强制实施的选择一种经济品的使用权利"。作为利益分配的依据，产权是资源配置中利益分配的核心以及基础，任何利益关系都将受到产权关系的制约，不同的产权结构体现了不同主体之间的利益关系。在确定的产权框架中，每个利益主体遵守产权的约束并承担不遵守约束所带来的成本。

产权最初仅仅是法学中的概念。经济学中的产权概念是科斯研究外部性问题时首先提出的，是对财产权利在不同利益主体间实际配置状态的抽象描述，"其本质是人们围绕财产而结成的经济权利关系"。产权的内容由主体的权能和利益两部分组成，权能是产权所有者对资源使用的权利，利益是产权所有者通过产权所能获得的效用或利润。权能与利益相互依存，没有权能的财产不可能使财产主体获得利益，不能获得利益的财产就不再需要权能的存在。需要指出的是，法学与经济学中对于产权的认识有着本质的不同。法学的产权是形式上的，即仅仅需要明确确认特定的客体权属问题，将其定义为权利和义务；经济学是通过界定产权"反映所有者实际控制资产属性的能力，并最终决定所有者通过资产能够获得的预期净价值的大小"。也就是说，经济学中的产权不仅仅停留于资产归属的层面，而是通过产权界定实现特定利益，关注效率和利益，建立经济产权的目的是利益驱使。如对于给定空间资源，政府拥有这一资源的所有权；市场主体拥有通过对其进行开发建设获取利润的权利；市民则有通过这一空间资源获取公共利益的权利。可见，经济学中的产权将具体物品看作是一组不同权利的集合。

产权的主体是特定的利益集团，客体是财产。不同社会经济背景下的产权主体不尽相同，存在着主体规模、边界、利益群体划分等方面的差异。产权主体基于对特定利益的诉求，不断要求对产权进行有利于自身利益方向的调整以及细化，使产权结构趋于完整、清晰。

（一）产权特征

（1）有限性。产权边界的有限性是指产权主体无法对产权边界进行清晰的界定。产权的有限性包含资源之间产权边界以及资源本身产权有限性（数量或范围有明确的规定）两方面。因为人的认识能力与技术的发展水平是逐渐发展的，短期内试图更全面、准确地界定产权将耗费大量的成本而不一定能换来预期的清晰的产权边界，更优的选择是暂时容忍这种产权模糊。但随着对于资源自身可交易属性的不断拓展与认识加深，使得产权边界不断发生变化或逐步细化。

（2）可分割性。即资源完整产权中的每种权利都可以单独转让。在城市空间资源配置中体现为空间不同属性归不同的所有者使用并从中获得利益。由于产权由权能和利益构成，因此权能的分割必然导致利益的分割；相反，利益的分割不一定来源于权能的分解，产权分割将不同权能分配给能够创造最大利益的主体与用途之中，使具有正外部性的资源能够利用市场机制进行交易，而对于具有负外部性的资源的使用权，利用价格机制反映其使用的社会成本使外部性内部化，如交通拥堵问题的解决。但产权并非无限可分，产权细分程度与社会经济发展的水平正相关，否则会提高分割产权的成本。此外，产权的可分割性使得产权重组进而形成不同形式的产权结构，代表了不同的产权效率。

（3）明晰性。产权明晰是对产权边界而言的，边界清晰的产权具有明晰性。产权的明晰性与排他性相对应，非排他性的产权往往是模糊的。产权的明晰性能够建立所有权激励与经济行为的内在联系。清晰的产权有利于降低交易过程中的成本消耗，提高经济效益。相反，当产权不清晰时产权主体间将出现纠缠不清的情形使经济效益大幅下降；对于没有用于交易的产权，不清晰的产权边界同样会使产权长期处于模糊状态，影响资源的正常使用并出现谈判、争夺等界定产权边界的极端行为，消耗大量的交易费用。尽管产权明晰是市场经济的必然要求，但考虑到产权界定与社会发展及科学技术的发展有着紧密的联系，不能绝对地认为任何产权都需要在当前界定清晰，因为在不合时宜的时间对产权进行清晰的界定，其成本可能会远远高于产权不清晰所带来的利益损失。

（4）排他性。主要指特定条件下使用某种稀缺资源的权利，是产权的决定性特征。人们对稀缺资源的占有、使用等权利是构成竞争关系，即通常只能有一个主体，其他主体不能对该资源占有或使用。排他性能充分调动产权所有者的积极性，成为一种提升配置效率的激励机制，"由于仅当他人无法分享产权界定潜在的效益和成本时才被能内部化并影响所有者的预期和决策"。在这个过程中，所有者的产权与所获得的收益紧密联系在一起，迫使其寻求能获得最大收益的使用方式。排他性的特征需要产权主体付出排他成本。只有在排他成本低于主体可能获得的收益时，特定主体才会主动地对资源的排他性加以强化。因此，产权的排他性是产权结构建构的起点和终点，以此保证利益能够进行明确的分配，经济品产权界定越详细价值也就越大。

（5）可转让性。主要指产权所有者有权按照某一给定条件将资源转让给他人。可转让性是产权的重要属性，能确保产权以最具价值的方式使用，维持产权结构始终处于高效状态。产权的可转让性建立在排他性与有限性基础之上。排他性保证产权主体的唯一性和垄断性；有限性指产权的可计量特征。缺乏上述两个基础，产权的转让将失去意义。同时具备上述特征将使资源能够进入市场进行交易，提升配置效率。

（二）产权功能

一般来讲，产权具有如下四类功能：

（1）资源配置功能。产权设置本身决定了资源配置的出现。产权的资源配置功能决定了通过产权安排能够为特定产权主体提供利益的机会，因此作为收入分配的依据，产权具有收入分配功能，但这种功能可以认为是由资源配置功能所衍生出来的。因此，产权结构一般先于资源配置结构产生并不断调整。所谓产权结构，是"特定考察范围内产权的构成因素及其相互关系和产权主体的构成状况"，特定的产权结构对应一种特定的资源配置结构或将促进资源配置调整使之与产权结构相吻合。

（2）降低不确定性。经济与社会环境日益变得复杂，不确定因素增多，使人对环境的认知准确性下降。这种不确定的环境使决策变得更加困难，进而影响决策并消耗更多的成本，同时也给他人带来同样的不确定性。不确定性将增加资源配置的成本，产权作为能约束人们经济活动的制度和规则，可以有效地应对这一状况。产权的作用机制是通过在特定交易中形成相互认可的行为边界，帮助不同的利益主体形成该资源使用的稳定预期。

（3）外部性内部化。外部性是个人与社会的成本或收益不一致的情形，也就是说，一个经济主体的经济活动对其他主体的成本与收益造成了一定的影响并且这种影响无法通过市场机制解决。只要外部性存在，总是同时有人受益和受损。从产权的视角看，外部性的产生原因是产权界定不清晰。在一项资源配置中，产权界定越明确资源配置的外部性越低，利益主体对于资源配置中的成本与收益的预期越明确，通过调整产权结构能够实现外部性内部化，可以降低受损一方的损失达到可以接受的范围内，使经济主体有充分利用手中的资源获利的积极性。

（4）激励与约束功能。激励与约束是产权的两个相互联系的功能。在经济市场中，产权界定的对象是稀缺资源，"经济主体对产权的追求是对排他性权利的追求"，这种权利越大产权就越清晰，主体对于资源收益的预期越明确，主体会利用各种方式对产权进行清晰的界定以从中获益。产权的激励功能侧重引导主体使其充分利用产权获取更多利润；约束在激励的过程中充当限制性因素，防止产权出现超越行为边界，维护产权的完整性和有效性。激励与约束功能的效用周期遵循边际递减，即一定周期后，受到需求变化、生产方式与效率的变化等因素的影响，产权的激励与约束功能将趋于减弱进而产生新的产权问题。因为经济主体的活动还受到其他方面因素的综合影响，产权并不作为经济活动唯一的激励方式。

在环境治理中，环境资源消费者使用资源的方式由资源本身派生的产权决定，运用产权理论能提高稀缺环境资源的配置效率，即创建排污权交易市场，通过污染主体之间交易排污配额来解决环境污染问题。环境经济学通过研究有效的产权结构解决环境污染问题，在环境污染的成本与资源配置效率之间建立联系，赋予环境资源排他性，其本质是界定环境资源使用带来的收益和成本的承担规则，创建市场将收益权和控制权结合，利用经济政策、法律等方式明确消费者在环境资源产权交易中如何获益或受损，受益方如何补偿受损方。科斯定理在治污减霾防控联动机制中的应用价值是利益补偿机制，首要问题是厘清和明确谁补偿谁的问题，产权明晰也可以解决政府与排污企业之间的信息不对称困境。

三、行为博弈理论

行为博弈理论为探讨跨区域环境治理中地方政府合作的策略选择，多元主体间协同治理联盟的达成，以及环境治理者和被治理者间行为演化趋势等提供了研究路径。借助行为博弈理论可以刻画环境治理过程中行为互动、影响等过程。

（一）非合作博弈理论

非合作博弈的要素包括：

（1）有限的参与者：指参与博弈决策的主体。如具备自然人属性的社会公众，可以是企业等社会组织，还可以是政府机构，判断博弈参与者的标准为该主体在博弈中是否存在利害关系，能够通过选择策略来使自己的收益达到最大。

（2）每个参与者的可选策略：指参与者可以从博弈中的所有行动方案空间中选取一个策略参与博弈，行动方案空间明确了每个参与者实际可行的行动方案，每个参与者的决策过程是在当前的方案空间中搜寻最优的行动方案的过程。参与者的策略可以是确定性的，即纯策略，也可以是策略集上的一个概率分布，即混合策略。若方案空间是一个有限集，则博弈为有限博弈；反之，为无限博弈。

（3）收益函数：在一个特定的策略组合下，参与者所获得的期望收益不仅取决于自身策略的制定，还与博弈中其他竞争参与者的收益有关系。

（二）非合作博弈的分类

非合作博弈一般可分为静态博弈和动态博弈，静态博弈中参与者无论是否同时决策，但在决策时都不掌握其他参与者的策略制定情况，如囚徒困境；而动态博弈指的是参与者的决策过程需按顺序进行，如弈棋博弈，即在一次博弈过程中，后一个参与者可以在了解到前一个参与者的博弈策略后再做出自己的决策。此外，根据参与者之间的信息对称情况，还可将非合作博弈划分为完全信息博弈和不完全信息博弈。完全信息是指参与者能够明确彼此的博弈三要素，反之是不完全信息博弈。

非合作博弈理论对环境治理中"公地悲剧""搭便车"等困境具有解释力，区域内各地方政府合作治理污染中，由于各地方政府对经济发展和生态保护偏好不同，政府协作治理伴随着治理资源划分、利益补偿、权力配置等博弈。非合作博弈情形，如果地方政府甲实施严格的环境规制并加大环境污染治理投入，地方政府乙会选择强度较小的环境规制力度，放松对环境污染治理的投入；如果地方政府甲采取放任环境污染策略，地方政府乙仍然不会对环境治理采取行动。无论地方政府甲选择什么环境治理行动策略，地方政府乙为了从博弈中受益都会选择放松环境污染治理。非合作博弈的代表情境是囚徒困境，即博弈参与方以背叛行动为出发点，最终博弈结果确实非理性。只考虑私利的独立行动导致参与方都不会从博弈中受益，博弈结果的行动也不是最优行动策略。地方政府都以各管辖区利益设立追求目标，每个相关地方政府都根据邻近城市环境规制或治理政策变化修正自己的行动策略，参与一方的策略变化会影响另一方的策略选择。因为信息不对称以及机会主义等困境，地方政府会认为邻近城市会投入资金、技术治理污染，最终区域环境会因为各个地方的"搭便车"行为而遭到严重破坏。

(三) 合作博弈理论

合作博弈的意义表现在它与非合作博弈的差别上。如果协议有外在力量保证强制执行，则为合作博弈，否则为非合作博弈。如囚徒困境中，囚徒之间可以达成攻守同盟，如果这种同盟有外界力量保证实施，例如黑社会会对告密者实施惩罚，那么这种博弈就是合作博弈，博弈的结局为双方均不坦白，如果这种同盟没有外界力量保证能够实施的话，那么这种博弈就是非合作博弈。而局中人从自己利益出发的理性行为将使得这种同盟没有约束力，博弈的理性结局会是纳什均衡，即双方均坦白。一般认为，合作博弈是指在博弈中，如果协议、承诺或威胁具有完全的约束力且可以强制执行的，合作利益大于内部成员各自单独经营时的收益之和，同时对于联合体内部应存在具有帕累托改进性质的分配规则。合作博弈以每类参与人集合可以得到的共同最优结果来表示博弈，如果收益是可以比较的，且转移支付是可能的，则合作收益可以用一个单一数字如货币单位来代表，否则最优结果只是帕累托最优集，或称为特征函数。在合作博弈的框架下才会有出现"双赢"的可能，它通常能获得较高的效率或效益。有观点认为，我们应该把达成合作的谈判过程和执行合作协议的强制过程明确地纳入博弈的扩展形式，用扩展型博弈研究合作博弈从而将合作博弈理论纳入非合作博弈理论体系中，不过这方面迄今还没有让人满意的进展。非合作博弈的重点是个体，使每个局中人该采取什么策略合作博弈的重点则在群体，讨论何种联盟将会形成，联盟中的成员将如何分配它们可以得到的支付。即使可以把所形成的联盟看作一个利益主体参与博弈，但如何在联盟内部分配它们的支付则是合作博弈所特有的研究内容。因此，合作博弈有其独立存在的理论价值，而且也有比较广泛的应用领域。

合作博弈在空气污染治理中表现为地方政府通过签署合作协议、达成合作框架进而实现竞争中合作，因此，如何对区域环境改善后整个集体收益增加量进行分配，是治污减霾防控联动机制设计的目标之一。在区域环境治理中对单次囚徒困境博弈，要设计激励相容制度、规范硬约束规则、减少信息不对称等来克服非合作博弈；针对合作博弈，要明确长远利益和共同利益、维护多次博弈秩序、定期交换信息、引入声誉机制优化合作博弈。

四、协同治理理论

（一）协同治理理论的内容

协同理论的奠基人赫尔曼将协同定义为系统内各个组成要素通过彼此互动、合作行动引起的整体成效。协同理论以多中心、自发组织的结构为基础，强调系统内部各组成部分依据一定规则或约束，自发主动地协调彼此行为，从而使系统产生特定功能。系统稳定状态受快变量和序参量两类变量的影响，快变量强弱变化迅速，其对系统的影响比较小；序参量反映着系统状态变化有序程度，其决定着系统演变方向和过程，当系统内部不只有一个序参量时，这些序参量通过合作与竞争后结果来形成系统的有序结构。作为治理理论的一条重要分支，协同治理理论强调的是重视在政府之外政府与社会、政府与企业和政府与政府之间的治理主体的合作与协同。

（二）协同治理理论的特征

协同治理理论作为一门协同学与治理理论交叉的新兴理论，具有不同于其他理论范式的特征，即主体资格多元平等、权力运行多维互动、自组织行为能动互补三个特征。

（1）主体资格多元平等。过去的统治方式，在西方是以市场为中心，在中国是以政府为中心，这样的公共事务处理方式并不能有效地实现协同治理，治理就意味着要改变过去单一地由某一主体统治的公共事务处理方式，要建立起社会主体、市场主体和政府主体共同合作的公共事务处理方式，这也意味着"政府万能"论和"市场万能"论的破灭。协同需要各主体在行动上的协作与配合，而不是各方各行其是、毫无联系。协同是"竞争"与"控制"的整合，是各主体在地位平等的基础上的协作与配合。协同治理是平等的多元主体共同对公共事务进行处理。

（2）权力运行多维互动。由于协同治理的主体实现了资格的多元与平等，那么在各个主体之间就不存在一方对另一方实行控制，也就是协同治理的各主体不存在"强制"的支配力，而是为有效处理公共事务而形成的一种支配力，权力运行的客体对支配力的服从是基于对其认同与对处理公共事务的使命感。在这种意义上，协同治理中的权力是基于有效处理公共事务的需要、基于客体的认同而形成的一种柔性的权力。在实际运作时，由于现实情况、处理阶段的不同，不同的主体会对其他主体形成某些需要，而不同主体共同存在、共同处理公共事务表明不同主体对于其他主体是认同的，这就客观地形成了协同治理时某一主体对其他主体的支配力，例如政府、市场、社会三个主体之一都能拥有对其他两个主体的支配力，政府主体的强制力导致其拥有支配力，市场和社会这两个主体的支配力来源于政府的合法需求。这在客观上形成了权力运行的多维互动。

（3）自组织行为能动互补。政府、市场、社会三个主体在进行对社会公共事务的协同治理时，是需要一个"指挥"的，需要有一个处于主导和支配地位的主体。然而现实中的各方主体处于平等的关系，没有支配关系。这就导致悖论的存在，即公共事务处理过程中理论上的平等共存与主体地位的不平等。协同治理要解决这一悖论，需要通过政府、市场、社会三个主体的自组织行为处理公共事务。具体而言，是在协同治理公共事务时，没有事先规定哪一个主体处于支配地位、有着"指挥"职能，在这一过程中，任何主体的支配地位都是暂时的，所以支配性权力就没有以往的权威性，其他主体的配合与服从是一种互补的行为。这样的方式就有效地解决了悖论的问题以及能够处理好公共事务问题。

（三）协同治理的运作流程

关于协同治理实现的具体程序，法国学者贝特朗·德·拉·夏佩尔把其分成了五个步骤：第一，在组织的议事日程中加入某个主题；第二，拟定一个作为行为准则的规章制度或是决策建议书；第三，对提出的建议进行认可或是通过；第四，把已经决定的建议投入具体行动当中去；第五，对执行的情况进行检验。这五个阶段形成的协同治理程序从本质上讲和政府出台政策的过程一致，即政策列入议程、政策的制定、政策的合法化、政策的执行、政策的监督与评估。然而协同治理的主体并不仅仅是政府，还包括一些其他社会主体，它和政策出台过程的不同之处在于，在实现协同治理的每一个阶段都有着多个主体的参与，并且每一个阶段的实现都比政府出台政策要复杂得多。

协同治理理论契合跨域环境治理要求，是改革环境治理中政府单一主体"失灵"的有效措施，对解决环境治理政策"碎片化"有重要启示，环境协同治理就是平衡相关多元主体的利益，实现多个部分链接耦合，形成彼此依存、风险责任共担、利益分配共享的合作格局，使系统从无序状态向有序状态演化并产生新的功能，对公共事务处理形成协同增效。

第三章　国外治污减霾防控联动的经验借鉴与启示

城市雾霾天气并非中国独有，国外许多国家在工业化进程中，也曾饱受雾霾之扰。因为空气流动受地理条件、环境气候等多种因素影响，且空气污染是跨区域不以行政区划为界的，每个地区都无法依靠自身的力量治理空气污染，所以，雾霾防治必须打破行政区域界线，建立区域联防联控机制，通过政府、企业、社会组织和民众等多方共同努力，实现区域大气污染协同治理。在大气污染治理过程中，其他国家形成了治污减霾防控联动机制，积累了不少成功的经验，可以为关中城市群治污减霾防控联动的探索提供借鉴和指导。

第一节　发达国家治污减霾防控联动的实践

一、构建环境立法与执法协同体系

（一）美国

第二次世界大战极大地提高了美国的工业发展水平，但同时也带来了空气污染，1943年发生了著名的洛杉矶烟雾事件。为了防治大气污染，美国于1955年制定了空气污染控制法，这是美国第一部联邦控制法规。1963年颁布了《空气清洁法》，并经过半个世纪的修订与完善，成为美国大气污染防治的基本法律依据，建立了比较完善的雾霾防治制度。同时，为了改善空气质量，美国建立区域协调机制，确定联邦各部门之间的协作机制，建立前置许可证制度，对于新污染源进行环境影响评估，严格排放限制和标准。

为了加强各州之间的合作，实现区域大气污染治理防控联动，美国环保署实施"州际协定"模式。"州际协定"最早起源于北美殖民地，主要解决相邻州之间的边界争端问题，20世纪20年代，"州际协定"模式开始广泛应用于各个领域，尤其是区域间的空气污染防治问题。"州际协定"是两个或更多的州之间针对州际间的问题而签订的正式的、有法律效力的框架协议，是促进州际间正式合作的机制。20世纪60年代，"州际协定"已经成为美国最重要的区域法制协调机制。签订该协定的州不仅受协定中相关条款的约束，还受美国联邦协定法条款的限制，并且需遵守宪法中禁止违反协定的义务。"州际协定"实质上是各州通过共同立法以解决州际之间共同的公共问题。"州际协定"有一定的效力期限和严格的程序性规定，如规定终止和修改协定的程序以及协定退出程序。如果一个州在协定效力期限内违反州际协定约定的相关条款事项，其他州可以就争议、纠纷向联邦法院申请司法救济。因此，"州际协定"模式显示了区域间的自主性和灵活性，是美国各州自主解决地区乃至全国性问题最常用的手段之一，体现出在各个州遵循本州法律的前提下，可以通过协调合作实现区域内统一的法治保障。

美国是联邦制国家，联邦政府和州政府之间有明确的权力分工和职责划分，州政府享有很大的自治权，各州之间存在相对独立的立法权和执法权。在空气污染防治的权力配置上，美国经历了从地方为主到联邦和地方权力分割，从权力分散到权力高度集中和分散配置相结合，从点源、面源污染防治到区域、州际污染综合防治的发展历程。经过多年改革与实践，美国在治理大气污染的问题上，特别强调联邦、各州、各级政府以及各部门之间的合作执法，注重联邦和地方政府之间防治监管的权力合理配置，形成空气污染防治管理协调机制，这种合作执法被证明是有效的。在美国空气污染防治的监管机构中，联邦环保局和州环保局起到主导作用，其他相关机构积极配合，各级政府之间分工有协作，通过建立严密规范的执法和监管合作以达到国家环境空气质量标准。《清洁空气法》规定，联邦、州政府、地方政府在空气污染防治中必须建立伙伴关系，而各方具体的执法和监管则根据污染问题的不同而有所差别，如共同污染物由联邦环保局、州环保局和地方空气污染控制区合作应对。1991年，联邦环保局联合职业安全健康管理局在全国一些大公司运营的140个有害废物焚化炉中抽查29个进行检查，因联合执法非常彻底，有害废物焚化炉的运营公司被指控违反395项联邦标准，联邦环保局提交了其中的52项违法行为给州环保局执行，职业安全健康管理局对焚化炉运营者罚款92220美元，联合执法使工厂运营者更严格遵守联邦健康、安全和环境法。在加州，地方空气污染控制区和州政府一起制定空气质量规划，每个州在实施规划的同时必须控制对下风州空气质量产生显著影响的污染排放。1999年，联邦环保局发布《区域雾霾规划》，该规划要求各州和联邦政府制定长期改善规划，共同努力改善156个国家公园和荒野的能见度及空气质量，降低影响能见度的空气污染物的排放。由此可见，有效地治理空气污染问题需要各级政府之间的密切合作，空气污染防治不是哪一级或哪一个地方政府能独立解决的，必须依赖各级政府和各部门，特别是县市一级的基层政府作为直接防治空气污染的行政组织起着更加至关重要的作用。

（二）英国

以立法的形式来防治大气污染，是英国治理雾霾的主要措施。20世纪50年代初，伦敦每到冬天都会被燃煤造成的二氧化硫污染困扰。1952年冬季，伦敦发生著名的"烟雾事件"，短短两月内造成了8000多人死亡。迫于严峻的空气污染形势，1956年英国出台了世界上第一部关于空气污染防治的法案——《空气清洁法案》，该法案制定了具体明细的条款和切实可行的空气污染治理措施。20世纪70~90年代，英国相继颁布了一系列的法律法规及标准来控制空气污染，其中有大量关于治理大气污染的法律，环保立法力度得到空前强化。作为世界上第一部空气污染防治法，《清洁空气法》以立法的形式具体规定了家庭和工厂的废气排放控制，而且执行方法也较为简便；同时，通过客观分析"烟雾事件"的根本原因，发现造成污染的罪魁祸首为煤炭的大量燃烧，因而该法案从源头上控制煤炭的燃烧数量，要求将燃烧煤炭的工厂迁至郊区；规定无论工厂用煤还是家庭用煤都必须燃烧"无烟煤"，并推广天然气、石油等清洁能源的使用。

20世纪80年代，交通污染取代工业污染成为伦敦空气污染的主要来源，英国政府在《清洁空气法》中又增加机动车尾气排放的规定；出台《机动车燃料管理办法》，严格规定汽油中铅含量最高数值；随后又配套出台了15部法案和指导条例，严格控制汽车尾气排放，加速研制新能源汽车，对每天进入市区规定区域的私家车进行收费；2003年起征收"拥堵费"，并将这笔费用投入公共交通的发展中；同时，大力推举电动车充电装置，对于购买电动汽车的车主给予高额奖励，并予以免除汽车碳排放税和免费停车。1995年，英国政府制定了《国家空气质量战略》，将英国的每一个城市都纳入空气质量控制体系中，在全国范围内筛选出空气质量不达标的城市，通过法律的形式强制其进行空气污染防治，加强了区域间的联防联控。一系列法律法规的出台和各项措施的实施在区域空气污染防治中发挥了重大作用，国内空气质量有了极大的改善。

在执法方面，英国对造成大气污染的违法行为处罚也十分严格。英国对污染企业不设置罚款的最高限额，提高了企业的违法成本，对污染企业构成了强大的威慑作用，违法公民还要承担相应的刑事责任和民事责任。

二、成立专职环境协同治理组织

（一）美国

针对大气污染的跨界性特征，美国政府在雾霾污染治理方面遵循"联防联控"原则。政府通过扩大环保部门对环境治理的权力，加强雾霾的综合管理和协调治理。根据各州地域特征与经济发展水平，美国政府将全国划分为十大地理区域，构建区域环境管理机制，各区域分别对区域内环境污染进行治理，设立专职区域办公室进行统一管理和监测，并赋予其环保立法的权力。这种方式充分考虑了各个地域的不同空气条件，保证了各州治理雾霾的灵活性和有效性，同时有利于打破各州界线，提高整体治理质量。

美国通过设立专门的跨区域大气污染环境治理机构、州际空气污染控制区或空气质量管理区，明确政府和各部门的职能和权责，制定相关的区域减排标准，进行跨区域大气监管和治理，加强区域协调合作与联防联控。空气质量管理区需要负责审核和提交区域空气质量规划，如华盛顿大都市区空气质量管理区由华盛顿特区、马里兰州和弗吉尼亚州共同组成，该区域空气质量委员会批准各州针对不达标空气污染提交的空气质量规划，然后再由各州提交给联邦环保局。1947年，洛杉矶成立美国首个空气污染控制区；1967年，加利福尼亚州成立空气资源委员会（ARB）；1977年，加利福尼亚南海岸地区打破行政区域界线，成立了"南海岸区域空气质量管理区"，设立专门的空气质量监管机构——南海岸空气品质管理局，赋予该组织一定的立法权和执法权，统一制定并执行区域内空气质量合作州际协定，对上下风向地区空气质量和大气污染治理情况进行统一管理与监督，区域内各地方政府共同承担治理费用，协同联动治理雾霾。该组织会定期检查排放污染物的企业和工厂，确保相关政策法规得到真正落实，并通过空气质量检测网对空气质量实时监控，一旦发现存在空气质量不达标问题，会及时向公众发布消息，最大限度地保证居民身体健康。区域联防联控管理方式极大地优化了加州南海岸地区的经济发展模式和居民生活环境，切实改善了区域空气质量。

另外，美国臭氧污染严重的各州共同创立了"臭氧传输协会"，联合制定减排标准并监督相关主体贯彻落实，覆盖美国 20 多个州，统一对各州的具体污染源定点检测，共享数据信息，实现联动防控。其中，将美国环境空气质量标准分为两级：第一级是保护公众健康，即以患者、老年人和儿童等敏感人群健康为标准；第二级是保护社会财富，如保护植物、建筑物和动物等。2013年，美国环保署依据《空气清洁法案》设立了专门标准和颗粒物检测站点，利用检测站严格监控并实时公开空气质量指数，检测空气质量网站通过 6 种颜色表示空气污染状况，绿色代表"良好"、黄色、橙色、红色、紫色等表示的污染程度依次加重，酱红色则代表"危险"。

（二）英国

20 世纪 70 年代，为了加强环境污染治理，英国对其政府各部门进行改进重组，新设环境部，并赋予其对城乡规划、公共建筑、交通运输和污染防治工作进行统一领导和管理的权力。英国政府根据企业污染物排放量的不同，划分英国污染监察局（HMIP）和地方环保部门的管辖范围，两大部门对各自管理范围内的污染企业分别进行管理。

在伦敦"烟雾事件"初期，随着《清洁空气法》的出台，政府成立了专门负责空气污染的管理机构——清洁空气委员会，并由住房和地方政府部部长任职主席，总体负责空气污染的改善工作，并监督各项措施的贯彻落实。1996年，英国政府依据《环境法》设立环保局，负责《环境法》中条款的执行以及大型工业污染源的管理和监督。2001 年，英国政府又组建了环境、食品和乡村事务部，负责环境政策的制定和空气质量的监测管理，同时为地方空气质量管理提供技术支持。在英国治理空气污染的进程中，根据不同时期的具体情况，设立了不同的专职区域管理机构，负责空气污染的防治，为了保障环境管理机构有效运行，政府还为其提供了充足的财政预算，并配备高素质专业人才。

三、实施绿色金融和财政支持政策

绿色金融主要包括绿色证券、绿色信贷、绿色保险以及绿色基金等。绿色证券是通过政府的环境政策干预，有效结合环境资源的公共性与证券市场的趋利性，引导证券业相关资金资源流向能促进环保发展的行业及企业组织，由环保部门对申请首次上市融资和再融资的上市公司进行环保审核，限制重污染企业通过上市获得融资，从而实现证券业资金资源的绿色化配置，其关键是环境信息披露制度和环境绩效评估制度。绿色信贷一般指商业银行、政策性银行等金融机构根据国家环境经济政策，通过贷款扶持和优惠性低利率等方式给予从事生态保护、发展循环经济或生产治污设备的企业组织的金融支持，对从事污染生产的企业组织进行流动资金贷款和新建项目投资贷款的限制，并实施高利率惩罚的政策措施；绿色信贷的本质是将金融业与环境治理相结合，引导贷款和资金等社会经济资源实现绿色优化配置，流向促进环保的相关事业。环境污染责任保险通常被称为绿色保险，指被保险的排污单位因污染环境或对第三方造成污染损害而依法承担治理和赔偿责任的保险，主要包括环境污染赔偿责任保险和环境污染治理责任保险；在预防环境污染方面，环境污染责任保险既能有效监督企业组织环境保护责任的落实，又能从经济利益角度激励企业组织降污减排；在发生环境污染突发事故时，能通过保险公司对环境风险进行精确评估，以最快速度确保受害方的损失得到赔偿及受污染场地的修复。

（一）美国

1997 年，美国提出绿色金融概念，开始环境风险评估，将环境因素与金融创新、可持续发展相结合。1986 年，美国《紧急规划和社区知情权利法（EPCRA）》规定企业必须每年按照有害化学物排出目录上报有害化学物去向，对外公开可能对他人产生影响的化学污染物信息；美国环境保护总局（EPA）要求上市公司必须提供年度环境审计报告；美国证券交易委员会（SEC）强制要求上市公司披露环境信息。美国上市公司目前基本通过企业年报、新闻发布会、官网等途径公开其环保相关信息。美国是实施环境污染责任保险政策较早的国家之一，通过建立受理环境污染责任保险的专门机构，强制要求相关主体对可能对他人造成损害的危险物品及操作购买保险，形成了较完善的环境污染责任保险体系。此外，美国设立了雾霾治理公益基金，通过提高 2%~3% 的电价筹措基金，涉及雾霾防治相关工作的部门、企业及其他组织均可申领该基金。美国也是绿色信贷政策的发源国家之一，其银行机构是全球最先将环保政策纳入考虑范畴的环境政策银行。为了支持绿色信贷政策的实施，美国联邦政府还十分重视绿色信贷相关法律政策的制定。

（二）日本

日本是较早实施绿色信贷政策的国家之一，其政府主要通过对瑞穗实业、三菱东京等引进绿色信贷政策的商业银行给予补偿，鼓励银行机构引导社会经济资源的绿色优化配置。同时，日本政府针对绿色信贷、绿色保险等金融业务制定了相对完善的法律规范。在绿色信贷政策实施初期，银行机构更多是通过项目融资、商业建筑贷款、汽车和住房贷款等少数金融产品来落实，但随着不断地发展，越来越多的银行机构在绿色信贷主营业务基础上，开始创新节能技术设备改造贷款和绿色股权融资等绿色信贷产品和服务体系。日本的环境污染责任保险自愿性最强，主要包括应对土壤污染、非法投弃物和加油站漏油污染三类。另外，日本政府在相关法律法规的规定下，还通过行政建议方式与企业组织达成自愿性质的污染控制协议。

（三）英国

为促进经济可持续发展和提高能源可再生性，英国设立了多种雾霾治理专项基金，譬如每年由政府投资约 6600 万英镑的"碳基金"，按商业化的企业模式运作，重点支持雾霾防治技术研发，以应对雾霾等气候变化。2001 年，英国用于大气污染防治方面的公共财政投入为 4.35 亿英镑，其中，1 亿英镑用于鼓励使用者采购与防治大气污染相关的技术和设备；1.08 亿英镑用于建立大气污染防治相关的基金；3000 万英镑用于减少二氧化碳排放；5000 万英镑用于社区防治大气污染相关工作。2002 年，英国公共财政预算中，2 亿英镑用于与大气污染相关的基金，其中贴息贷款为 5000 万英镑，无息贷款为 1000 万英镑。2008 年，英国启动"环境改善基金"，各级政府可对雾霾防治和绿色能源技术研发进行投资，并为相关国际合作提供资助。同时，英国是世界上第一个使用"碳预算"的国家，英国于 2009 年将"碳预算"纳入政府财政预算，并对与低碳经济相关的产业给予 104 亿英镑的追加投资。英国的保险业市场本身较为成熟，因此，其对环境污染责任保险政策采用非特殊承保机构，即通过财产保险公司实行自愿承保。

（四）德国

德国作为绿色信贷政策的主要发源国家之一，其政府在绿色信贷政策制定方面发挥了重要作用。一方面，德国政府发挥杠杆引导作用，推动本国银行机构参与赤道原则，并按原则要求进行金融信贷审批；另一方面，积极开发绿色信贷产品，通过政策性银行——德国复兴银行对环保项目进行金融补贴。此外，德国成立了专门的环境污染责任保险承保机构，通过将环境污染责任保险与企业组织的财务担保制度相结合来实施强制性保险。

四、构建排污权交易市场

排污权交易指在确定污染物排放总量的前提下，建立合法的污染物排放权，并允许这种权利在市场机制下进行买卖，以达到对污染物排放总量进行控制的目的。排污权交易政策是目前世界上大多数国家采用的雾霾防治政策之一。

（一）美国

美国治理雾霾的独特经验是排污权交易机制和排污许可证制度。在一氧化硫、二氧化硫等大气污染物排放总量控制指标确定的条件下，利用市场机制，允许排污权像商品一样买卖，实现排污市场化，使那些可以以较低成本减少大气污染物排放的企业获利，高污染企业逐步退出市场，从而发挥市场的优胜劣汰作用，以实现减少大气污染物排放的目的。

美国排污权交易从理论到政策实践共经历了三个时期。第一个时期是20世纪70年代中期至80年代末，美国联邦政府主要以"排放削减信用"的形式激励企业减少污染物排放。第二个时期是以1990年《空气清洁法案》修正案颁布为起始标志，该法案强制规定未达到国家环境空气质量标准的各州污染主体必须采用污染物限制排放技术；在排污权额度的初始分配方式方面，美国在该法案修正案的讨论中，曾提出公开拍卖、免费发放和固定价格出售三种方式；政府在这一时期以排污许可证交易的形式进行污染物总量控制，进一步体现了排污权利的市场交易性。第三个时期的发展重点在于实现美国对气候变化的有效应对，通过排污权交易市场机制，有效弥补了行政政策实施效果的不足。

（二）英国

英国于2002年建立了全球首个广泛的温室气体排放权交易体系，其运行方式是由英国政府对特定区域内允许排放的污染物制定最大限额，然后将所有限额采用排污权额度拍卖的方式卖给市场上出价最高的企业组织，而得到额度的组织还可与其他组织进行排污权额度的二次买卖。1955年，英国政府出台《空气清洁法案》，为英国的排污权交易政策实施提供了坚实的法律保障，使排污权交易政策更加规范化。

（三）德国

在排污权交易参与企业主体资格管理方面，德国于 2004 年颁布《温室气体排放交易法》，明确规定德国境内所有企业进行二氧化碳排放的机器设备都要接受统计调查，只有排放量控制在标准以内并通过审核的企业才有参与排污权交易的资格，并且企业的排污权交易许可证需要按季接受审核。

从排污权交易政策的发展趋势看，基于其在环境治理上的显著成效，各国在完善与建立本国排污权交易体系的基础上，纷纷建立了本国的排污权交易市场，并进一步谋求建立更大范围的跨国、跨区域的全球排污权交易市场，如已建立的阿姆斯特丹的欧洲气候交易所、德国的欧洲能源交易所、法国的未来电力交易所等国际碳排污权交易市场。

五、加强信息公开与监督，提升公众参与度

不同国家在治理雾霾过程中都通过开发电脑客户端和手机客户端大气监控软件、设立专门网站等措施，公开大气质量相关信息，建立"政府—公众"治污减霾联防联控机制，强化公众环境治理的参与度，加快雾霾污染问题的解决。

（一）美国

由于空气污染严重影响了每个公民的身心健康，美国一方面通过法律形式确保公民的切身利益，另一方面积极宣传环境保护的重要性，动员每个人积极投入到环境治理中。美国在治理大气污染的问题上，积极构建和完善公众参与机制。纵观美国的《空气清洁法案》的实施过程，自始至终都贯穿了公众参与。公众参与是保证美国大气污染防治效果的必备手段，也是改进和完善大气污染防治手段的必要途径。美国将"公民诉讼"或"公民执行"写入《空气清洁法案》，建立了环境公民诉讼制度，鼓励公民监督环境治理，促使企业和其他义务主体遵守法律，这是环境法的公众参与原则在美国《空气清洁法案》中的具体表现。"公民诉讼"或"公民执行"的表现形式是公民作为特殊执法主体，虽然不能对环境污染者采取强制措施，但可以通过诉讼的方式实现对环境污染者的监督和处罚，而不论公民在该污染案件中究竟是否存在利益损失，都有效推动了该法案的实施和执行。

1971 年，《国家环境空气质量标准》出台，该法案要求对 6 种大气污染物进行实时监管，完善了大气污染信息公开制度。美国环保署等机构合作设立了

"空气质量指数"，1997 年美国率先将 PM2.5 指数作为全国空气质量的衡量标准，2006 年成功实现了对全国大气环境的 24 小时全方位监测，并在官网上公布当天 PM2.5 监控结果和次日预报数据，向公众提供有关地方空气质量以及空气污染水平是否达到威胁公众健康的信息。公众可以通过手机登录美国环保署等机构合办的 AIRNow 网站，随时查询任何一个地区的空气总体状况（空气质量指数）、实时状况、PM2.5 值、臭氧监测数据以及根据各指数列出的全美空气质量最差的 5 个地点等信息。2017 年，美国肯塔基州路易维尔市在免费网络服务 IFTTT 上发布空气质量监测频道，家中装有智能家居数码产品的所有市民，可以通过连接该产品与监测平台获取最新空气质量信息。

美国通过警示标志、电视、广播或新闻等方式向公众发布大气环境信息，定期公布哪些区域的空气质量超出了国家标准或前一年度哪些时间超出了标准，提醒民众大气污染对健康的危害，提高公民的环保意识，普及提高空气质量的方法，保障公民参与监管的途径。美国还根据全方位检测到的大气质量结果，实时在官方网站上对民众的户外活动时间、体育锻炼强度等提供有益的建议，为居民出行提供了便利化服务；此外，各媒体平台还会告诫公众尽量不要在室内抽烟，减少蜡烛、壁炉等使用，以控制和减少室内污染。在减少大气污染物方面，美国还开设了免费检举电话，鼓励民众举报那些排放尾气污染严重的汽车车牌号，对空气污染严重的车辆开出罚单并向全社会公布，以此监督车主加强对汽车的环保改造，以达到机动车尾气排放标准，减轻空气污染。

（二）英国

英国拥有完善的环境信息公开制度。1992 年，英国制定了《环境信息条例 1992》，2000 年出台《信息自由法 2000》，2004 年修订《环境信息条例 1992》，《信息自由法 2000》和《环境信息条例 2004》确保了英国民众环境知情权的实现。英国建立了污染物排放和转移登记制度以及污染物清单制度，设立专门的网站和数据库，以便政府能够对企业行为进行有效规制，也有利于公众对政府和企业进行监督。英国环境信息公开的义务主要包括公共机构和企业，《环境信息条例 2004》规定英国环境信息公开的权利主体为任何人。

英国建立了完善的空气监测体系，遍布全国的自动监测站全方位监测英国的大气环境质量状况，其中有 120 个站自动向公众提供每小时的监测数据，环保局也加强了对空气质量、污染物情况等信息的公开，而且工厂申请许可证需刊登广告，皆需征求公众意见。为了让公众及时掌握空气质量信息，英国政府开发了官方 Google 地球图层软件，此软件可以观察和监控到全国境内全部相关污染物监控点的信息，包括污染物的各种数据和走向及其趋势，公众可以下载相关软件，观测一周空气质量走势图，随时随地查询和获取雾霾相关信息，对 PM2.5 进行实时监控，直观了解全英国所有监测的各种空气污染物数值。

英国政府在大气治理过程中，比较注重公众及其他社会团体的参与度，同时借助完备的法律法规、奖励机制、纳税办法及科学环评制度的有力帮助，调动全体公民参与大气污染治理。重视公众参与制度的主动性建设，在大气污染防治工作中采取鼓励的方式，使公众积极参与度得以提高，这样的举措对雾霾治理防控联动有极大的帮助。一个国家要想追求环境的可持续发展，必须提高公民的环保觉悟与综合素质，实现国家大气污染事业从被动治理到积极防治的转变，而宣传教育手段是促进公众环保觉悟显著提高的关键手段，通过该种方式能很好地向公众传授大气保护知识。

(三) 韩国

韩国大气污染问题频繁发生，公众高度关注并广泛参与到防治大气污染的行动中，其中大气颗粒物的来源以及政府应对措施成为公众关注的两大焦点；同时，公众需求促使政府作出更加符合大气环境保护的目标要求。韩国最早的空气质量实时监测播报始于 2002 年，当时韩国环境部在世界杯足球场周围设置了 16 个监测站点，并进行实时数据播报。之后，随着公众对空气质量关注度的逐渐提高，也为了让广大民众了解城市中空气污染的数据，保障公众的环境知情权，韩国环境部于 2005 年建立了韩国空气网（AirKorea），实时发布环境监测数据；韩国的空气质量监测中还采用了综合空气质量指数（CAI）表明监测地点空气总体状况的好坏。另外，大部分韩国民众支持政府实施汽车限行措施和提高韩国大气颗粒物质量标准，反对尾气中含有大量 PM2.5 的柴油出租车的投入使用。另外，韩国政府还积极构建大气污染物监测体系和预报预警制度。

(四) 日本

"二战"后日本在经济上迅速崛起，随之而来的是污染的加剧，如水俣病等多起公共环境事件的发生以及 1961 年日本著名的"四日市公害"事件，引起日本政府和国民对环境污染的关注并开始着力进行污染治理。

日本为了改善空气质量、减少雾霾的发生专门构建了大气污染物监测系统，在全国范围内设立大气环境监测站，加强对大气污染物的监控，向公众实时发布大气质量相关数据，方便公众随时掌握空气质量信息。2003 年，日本环境省设立"大气污染物质广域监视系统"，都道府县负责将该系统监测到的污染物数据在网站每小时公开一次，还通过向公众手机发送信息的方式给出公众出行建议和注意事项。此外，公众监督在日本空气污染防治中发挥了重要作用。1967 年，四日市 9 名哮喘病患者将 107 个污染企业告上法庭，经过长达 5 个月之久的诉讼，最终取得了胜利，就此掀开了日本公众参与环境治理的新篇章；之后，不断有人因受到空气污染将企业告上法庭，因为数额巨大的赔偿金及政府的压力，有效遏制了企业的污染物排放，强化了日本环保法律法规的可执行性。

日本政府还通过颁布《大气污染防治法》《关于确保公民健康和安全的环境条例》《救济公害健康受害者特别措施法》等一系列相应的法律法规来保证公众参与大气污染治理权利的实现。日本是全世界第一个将"维护生活环境"与"经济发展协调"的法律条目修改为"环境优先"的国家，并在世界上第一次规定了二氧化硫的最高排放值，有效控制了二氧化硫的排放。

第二节　发展中国家治污减霾防控联动的探索

一、完善相关法律，推动政府及部门协调共治

（一）巴西

20 世纪 90 年代，为了加强环境保护，巴西出台了《环境法》和《亚马逊地区生态保护法》。然而严苛的环境标准和保护措施制约了地方经济发展，导致政府财政收入下降，所以为了平衡环境保护和稳定政府收入两大目标，巴西建立了世界上第一个政府间生态转移支付机制（ICMS-E 机制）。根据巴西联邦宪法，各州政府具有独立的征税立法和管理权力，各州政府应当将工业产品税收收入的 25%转移支付给地市政府，这其中的 75%以税收返还的形式返还给地市政府，剩余的 25%由州政府根据环境资源状况等因素进行分配。具体而言，由于参考因素的差别，各州的生态补偿财政转移支付资金比例也不尽相同，但是在众多参考因素中，保护单位（某一行政区域内不同种类保护区面积乘以一定权重系数之后的加总面积）是各州生态转移支付机制的基础性指标，保护单位乘以相应的权重即为生态补偿指标，地市政府获得的财政转移支

付资金总额即为该地区生态保护指标乘以州生态补偿财政转移支付资金的总和。生态补偿财政转移支付制度提高了各地生态环境保护的积极性，改善了保护区与邻近地区的关系，同时提高了地市的财政能力，成为解决地市财政能力不足的主要途径。相关资金被广泛用于治污减霾和节能减排等环境治理项目，环境质量得到有效改善。在实施生态补偿财政转移支付制度之前，巴西各州通过立法手段详细规定了财政支付资金来源、资金分配计算方法等相关问题，明确了各级政府的法律责任，确保了生态补偿财政转移支付制度的公平与公正。

（二）墨西哥

墨西哥三面环山的地形不利于污染物的扩散，人口数量剧增产生的生活污染源和机动车排放尾气污染物的增加，导致墨西哥城空气污染愈加严重。为了防治大气污染，墨西哥先后颁布了《环境保护法》《生态环境保护法》《大气污染控制法》以及《墨西哥城以及周边城乡车辆污染控制法》，制定了大气污染的预防措施、排放标准等45个控制大气污染的管制法案以及4个《墨西哥城地区空气清洁计划》，明确企业和政府的责任。自1986年起，墨西哥城共制定50余部专门治理空气的法规，这些法律法规明确了各主体的减排程度以及各污染物排放标准和监测标准，将环境资源保护上升到国家安全的战略高度，极大地改善了墨西哥城的空气质量。墨西哥城在实施的《墨西哥城地区空气清洁计划（2011—2020）》中提出81条举措和116项行动，详细列明了责任主体、执行时间表、所需经费等具体措施，目标是在之前治理成果基础上再减少一半主要污染物排放量，由于具有较强的可操作性，这一计划被称为"30年来最好的空气治理计划"。墨西哥城作为发展中国家的大城市，其综合治理、协同治理、多管齐下的治霾经验值得研究与借鉴。

墨西哥城治理雾霾依赖于国家渔业资源环境部、墨西哥城环境署以及首都圈环境保护委员会的协调配合。国家渔业资源环境局负责环保政策的制定以及处理群众举报等事件；环境署负责监测大气污染浓度以及管理相关的监测机构；环保委员会负责制定城市规划以及加强机动车检测等工作。3个组织结构分工明确，职责清晰，有效协作，治理成效明显。

二、动员全体公众参与，拓宽监测渠道

（一）菲律宾

世界银行环境监督报告显示，菲律宾每年有2000多人死于空气污染，慢

性支气管炎疾病患者 9000 余人，用于治疗呼吸道疾病的费用支出每年达 15 亿美元。亚洲开发银行报告证实，菲律宾空气污染的 80% 源自汽车尾气，首都马尼拉成为亚洲空气污染最严重的城市之一。在此情况下，政府被迫发起了针对汽车尾气排放监管的"人民战争"。一方面，在社会上广泛宣传汽车尾气危害，提高民众对汽车尾气造成的环境危害和人体健康危害意识；另一方面，由于监测技术的不成熟以及人力资源的有限，政府交通部门无法对全部车辆实施检测，菲律宾政府号召民众积极参与到大气污染防治中，开通短信平台、热线电话和电子邮件信箱等渠道，鼓励市民检举揭发排放超标的车辆，一旦被 5 人以上举报，交管部门将对其检测并限期整改，如果不服从处理，汽车牌照将会被吊销。菲律宾政府还斥资为马尼拉地区配置以天然气为燃料的汽车，并设立天然气加气站，政府对天然气汽车在税收和贷款方面给予优惠政策。此外，菲律宾政府将环境教育纳入各级学校课程中，大力推进环保意识，开展全民教育，引导公众共同治理大气污染。

（二）墨西哥

墨西哥政府很重视治霾措施的执行情况。墨西哥城建立了 4 个监测站，专门监测大气污染物中的来源；建立了大气自动监测体系和自动监测中心，要求企业安装自动跟踪监测器，实时了解雾霾污染物浓度的变化；此后，不断完善大气监测网络，并推出环境污染紧急计划，一旦空气质量指数突破 350 点，所有生产与商业活动必须停止。墨西哥城采取诸多措施加强市民环保教育，将环保意识教育纳入基础教育范畴；激励市民主动参与，重视市民提出的建议；推广网上办公以及远程办公方式；鼓励绿色出行以及开展全民绿化活动。

三、控制汽车尾气污染物排放

（一）墨西哥

墨西哥首都墨西哥城也经历了雾霾污染和治理乏力的痛苦时期，在问题最为严重的 1992 年，联合国宣布其为全球空气污染最严重的城市。墨西哥在控制汽车发展方面的具体措施包括更换尾气排放严重的老旧车辆，征收高额汽油税；定期进行车辆尾气排放检测，若超标则禁止车辆行驶；积极研发低硫、无铅以及清洁燃料；大力发展公共交通工具；加强对污染工厂的监测，检查次数频繁，严格施行废气管控措施以及技术改造；实施有特色的"今天不开车"政策，每辆车身上都贴有红、黄等 5 种颜色之一，每种颜色各对应一个工作日，即哪一天不许上路行驶；车辆一周平均限行一天，并根据车辆使用年限来区分限行的天数。

（二）波兰

由于雾霾过于严重，为了让更多市民关注大气污染问题，波兰首都华沙市还曾推出"无车日"行动，鼓励市民无车出行。自 2007 年 9 月开始，华沙市政府每年在公共交通上投入 700 万兹罗提左右财政补贴；向所有中小学生发放专门的免费乘车卡，携带此卡者就可以在全市范围内免费乘坐公交、地铁等公共交通，这样会鼓励市民让孩子独自去上学，避免了因接送孩子而增加私家车使用量，促使市民低碳出行，无形中减小了汽车排放的污染物对大气造成的危害。这一雾霾防治政策也被波兰的第二大城市克拉科夫采用，凡是机动车驾驶员均可以凭借驾驶证在全市范围内免费乘坐公共交通；该市还设置了空气质量检测标准，当大气中的污染指数超过这一标准时，就会启动应急方案。

由于在波兰较少市民使用电动车，政府为了促进电动车的普及，专门设立了特殊基金，用于开发和生产电动汽车，对购买电动车的消费者实行减税政策，并对销售前 10 万的电动车提供补贴，以刺激其销量，减少机动车对大气质量的危害；同时，普及电动车的使用，改变电力税收制度，鼓励车主进行夜间充电，在一定程度上解决了电厂夜间发电过多所导致的资源浪费。

（三）印度

针对汽车尾气的高排放问题，印度政府先后采取了一系列的措施来治理，譬如大力发展公共交通，加快地铁建设；对机动车采取限排措施，排量在 2.0以上的柴油车不再发放牌照；最高法院规定禁止在新德里注册和销售柴油车；通过向柴油车征税，引导出租车和公交车将燃料由柴油改为天然气；提高燃油税，征收停车税，进城卡车的进城税上涨 1 倍；在市区实行车辆单双号放行制度，征收拥堵费，以减少交通压力；同时，政府也提高了汽车尾气排放标准。

四、推动能源结构转型

（一）波兰

世界卫生组织统计显示，在欧洲雾霾最严重的 50 个城市中，有 33 个在波兰。跟欧洲其他各国不同的是，波兰以煤炭为主要能源物质，这是波兰的空气质量在欧洲一直处于垫底位置的主要原因。波兰国内电力的 80% 以上均来自燃煤电厂，同时冬季家庭供暖也主要依靠旧式的炉子燃烧低质煤炭，甚至是一些垃圾等廉价的燃料，所以每到冬季，雾霾就会在很多城市频繁发生。为了治理雾霾，针对煤炭燃烧所带来的大气污染物，波兰政府明确禁止使用低质煤以及家庭旧式炉灶的销售和使用，鼓励开发和使用清洁高效能源，推动能源结构向可再生能源转型；对更换使用环保取暖设备的居民给予财政补贴，对私自焚烧垃圾等废弃物的行为给予高额的经济处罚；同时，建立多个空气检测站，对空气质量进行实时监测，制定严格的燃料标准。另外，波兰政府通过一系列措施鼓励市民低碳出行，减少机动车对大气的危害，降低雾霾天气的发生频率。

（二）印度

印度是一个发展中新兴国家，且是人口大国，同样面临着严重的雾霾天气。由于城市化的加快，印度首都新德里近 10 年间空气污染不断恶化。由于印度的工业化程度低，农村生活水平普遍不高，印度农业贡献的空气污染份额最大。在新德里，全城没有暖气系统，只有少数家庭购买空调，大部分家庭主要靠传统的燃煤、燃烧生物质和露天焚烧秸秆取暖，燃烧秸秆被认为是造成印度大气污染的元凶之一。印度政府采取限制生物燃料和化石燃料的露天焚烧，对垃圾焚烧的违反者处以重罚，取消了对污染性炊用煤气的补贴，引导农民使用清洁炉灶和液化气、沼气、电等较为清洁的能源来替代原始燃料，从而减轻对大气的污染。

在印度，电力行业在二氧化硫排放的所有能源行业中占比近一半，煤炭是印度电力系统的核心燃料，提供了近 3/4 的电力供应。在印度新出台的规定中提高了对新建电厂和已有电厂的排放标准，而且此项标准已达到欧盟国家标准。尽管印度的煤炭含硫量相对较低，但新规定要求继续加强对脱硫技术的投资升级；同时加大政府对于技术设备的资金投入，提高煤炭的发电效率，增加能源种类的多样化，减少发电过程中产生的废气及烟尘。

印度政府通过征收煤炭使用税即碳排放税，以减少煤炭的使用，增加清洁能源的开发和利用。2014 年以来，这一税率增长了近 8 倍，目前每吨煤炭达到 400 印度卢比（约 42 元）。统计数据显示，2011～2016 年，将近 1362 亿卢比（约 143.65 亿元）的煤炭税转入印度国家清洁能源基金，用于支持开发清洁技术；同时大力发展新能源产业，推广太阳能发电和风力发电，可再生能源开发商可享受高额的加速折旧补贴。印度政府计划到 2030 年印度生产的所有汽车全部为电动汽车，计划到 2050 年印度电力产业实现无煤化。

第三节　国外治雾减霾防控联动经验对
关中城市群的启示

一、强化联防联控理念，重视区域府际间治霾合作

大气污染治理不是某一个城市、某一个地区乃至某一个国家能够独立完成的，所以必须树立联防联控的理念。西方国家在经历了沉痛的教训之后，深刻认识了这个道理，通过采取签订共同遵守的条约或制定共同遵守的法律条约等形式，实施跨城市、跨地区、跨国乃至跨州的区域防控联动措施治理大气污染。

雾霾污染具有外溢性和扩散性，单一政府治理的成果会随着雾霾的扩散性而大打折扣，雾霾防治离不开政府间的合作。西方发达国家在治理跨区域雾霾污染问题时，将雾霾治理看作一个整体，在国家和地区之间、地区和地区之间、地区内部建立起一个协商合作、协同治理的网络模式，把雾霾污染产生、传输和消解联系在一起，通过府际协同合作治理，做好雾霾污染的防治工作，并取得良好成效。现阶段，只有建立区域防控联动机制，协作治理，才能有效地控制污染，推动雾霾治理的进程。如美国成立了南海岸空气治理管理区，通过建立跨区域的合作组织来连接地方政府，有利于雾霾治理各项措施在经过协商后更易执行，治理成效更加显著。西方国家之所以能够治理成功，与各治理主体间有个共同的治理目标、共同的府际合作理念有很大关系。在这样的理念支撑下，地方政府间可以做出妥协和让步，为了环境利益适当牺牲自己的经济利益。雾霾治理不再是一个区域的事情，只有府际合作协同治理才能促进雾霾治理的良性发展。

对于跨区域大气污染问题，有必要打破行政区划限制，将不同的主体集合成具有共同目标的统一体，将分散的大气污染防治行为融入一个有机整体。由国际环境污染跨区域合作治理经验可以看出，不同国家虽然面临不同的环境问题，但在处理跨区域环境问题时都十分重视政府间的合作。政府之间以及政府各部门之间一般通过定期举行协商会议、签订合作协议、协调行为等方式，形

成区域间协调统一的政府合作关系，这种关系将各地区分散的大气污染治理行为有机结合，缓解了行政区划分割性与大气污染跨界性之间的矛盾。美国重视政府及政府部门间的协调配合，建立了协同高效的环境治理结构体系，根据《国家环境政策法》（1969）创建了环境质量的咨询机构——环境质量委员会（OEQ），OEQ与美国环保署同属白宫总统行政办公室，负责提供有关环境政策的信息和资讯，是推动美国环境质量评估的重要力量。

目前，关中城市群内各地方政府间的合作也仅仅停留在会议的形式上，没有切实的法律和制度保障。在开展大气污染区域防控联动工作时，需要制定专门的法律法规，引导各地方政府在追求经济快速发展的同时认真贯彻落实生态文明的构建，严格划分权责界限，明确责任主体，为政府间合作治理提供保障，强化政府间合作的可行性。大气污染具有明显的传输性特征，关中城市群区域内各区、市都无法独善其身，需要加强顶层设计，共同编制区域空气质量达标规划，建立区域防控联动机制，完善合作治理制度，建立区域协调、整体推进的统筹机制和政策体系，合力治理雾霾污染现象。

二、构建多元主体协作治理格局

在雾霾治理中，各治理主体都扮演着一定的角色，有自身的独特优势，承担着相应的责任，社会群体的广泛参与是有效保证雾霾防治工作顺利进行的重要推动力量。政府、企业、公众、社会组织是治理雾霾污染的四个重要主体，他们既是雾霾天气的污染者，也是雾霾天气的去污者。在雾霾治理中，地方政府作为国家职能机关，拥有对公众事务的决策权和行政权，能运用自身掌握的行政权力发挥、动员一切社会力量参与雾霾治理；企业聚集了大量的社会财富，企业的生产、运营方式将对环境问题造成巨大的影响；社会组织是连接公众与地方政府的桥梁，具备自愿性、公益性的特点，拥有相应的专业技术以及具备强大的社会动员能力；公众是一个最广泛的社会群体，代表着最广大人民的力量，群众的力量是无穷的，公众参与雾霾防治对雾霾治理效果的影响是不可估量的。治污减霾是一项浩大的工程，如果各主体互不干涉、各自为战，则很难在雾霾治理中取得成效。因此，需要进一步完善社会参与机制，整合各主体优势，在尝试构建多元互补机制的基础上充分调动各方力量，挖掘潜在力量以推进各治理主体间优势互补，强化各主体的参与权，为各类非政府组织、企业及公众个人提供有效进入雾霾防治程序的途径和渠道，激发社会各类主体的参与积极性，营造政府、企业、社会组织、公民协同治理大气污染的浓厚氛围。在治理雾霾的过程中，单靠某个地方政府是不可能完全治理大气污染的，必须和周边地区联合行动，在各类环境治理主体间建立良好的沟通协调机制，完善信息沟通披露机制，联合制定相关规范来共同治理雾霾污染。

在英国，环境治理是政府、企业、公众三方多元互动的过程，英国政府在治理雾霾污染中的基本路线是政府主导、企业支持、公众参与，各自在追求利益最大化的前提下，通过内在对空气环境的一致化诉求构成行动框架，并展开竞争与协作。政府在行动框架中担任主导地位，通过制定法律与运用财政手段督促企业实现减排减污目标，同时设立信息平台或监督机制将公众纳入行动框架，由此形成互动良好的治理体系。美国也充分意识到对大气污染的治理不能单纯依靠政府，美国治理空气污染时遵循"联防联控"思路，打破州际界线，将全国领土划分为十大地理区域，并建立区域化的环境监督管理机制，较好地实现了雾霾污染治理的协同减排效应。

从国外经验看，大气治理工作的开展基本上是政府主导型逐渐转向多方参与型。关中城市群在雾霾防治、大气污染治理、环境质量规划编制、环保标准的推行和联动执法过程中，积极动员企业、社会组织、个体等各种社会资源的参与，对于推动各项政策、措施的深入贯彻落实具有重要意义。政府应该出台各类促进社会各主体参与雾霾治理的相关法律和政策文件，明确公众参与，尤其是各种民间环保组织、地方团体，切实在规划、监测、执法等各环节赋予公众知情权、监督权和参与权。

三、建立区域防控联动管理组织

因为空气污染是跨界的，某个城市独立治理空气污染的效率是低下的，所以要打破行政区划限制，实行区域防控联动，而要保证防控联动工作取得实效，必须建立具有权威性的防控联动区域管理机构。区域性的跨行政区环境管理协调机构是独立的和具有权威性的，能够有效打破环境治理中的行政分割，解决跨区域合作中出现的各种问题、矛盾及冲突。美国加利福尼亚州是有效实施大气污染区域防控联动的典范，1946年，美国在洛杉矶设立第一个空气污染控制区；1976年，经过美国议会和州长的授权，加州创设了南海岸区域空气质量管理区（SCAQMD），对制定区域空气质量标准负主要责任，在制定区域空气质量管理中发挥着重要作用。加州的经验表明，设立一个跨行政区域的、独立的、专门的权威机构，对于综合治理、协同治理空气污染至关重要。

目前，关中城市群在雾霾防治方面还没有一个拥有综合治理职能的权威机构。因此，关中城市群有必要打破市级之间的限制，建立一个统一评估、监测、规划、监管和协调管理的领导机构，成立专门的区域性大气污染防控联动组织机构，统一负责区域内大气污染治理工作，制定区域大气污染治理总体规划，并分配各行政地区的大气污染防控联动工作任务，建立健全大气污染治理工作的监督、检查和评估考核机制；可以考虑将机构设立为"关中城市群大气污染防控联动中心—市级大气污染防控联动中心—区级大气污染防控联动中心"三个级别，以便区域性防控联动工作要求可以得到层层落实。

四、建立健全排污权交易制度

行政式的治霾虽然直接有效，但却损坏各主体的利益，无法形成长效的运作机制。雾霾污染的治理也需要市场发挥作用，而不能单纯依靠政府对污染行为的处罚。在治霾过程中，关中城市群要合理引入市场机制，如全面推进排污权交易、地区间利益转移以及扩大征收排污费等举措，进而充分发挥市场合理配置资源的作用，加快雾霾治理。在区域治污减霾防控联动工作推进的过程中，应该完善排污权交易制度，充分发挥排污权交易市场的作用，合理利用经济手段治理雾霾，以市场力量推动企业低碳转型，鼓励企业改进生产技术，从源头上减少企业大气污染物的排放。

排污权交易是环境保护与市场机制的完美结合，能够起到激励作用和导向作用。环保工作做得好的企业将得到排污权交易的经济激励，符合企业的盈利需求，从而使企业以更大的动力节能减排。关中城市群目前的排污权交易制度并没有起到良好的实施成效，可以考虑将排污权交易制度法制化，而不仅仅是一项试点性的工作，如将排污权交易制度纳入环境相关法律法规中，使排污权交易规范化；在排污权初始配额的分配中遵循公平性、合理性、科学性原则，明确企业获得初始配额的标准，使各阶段的程序公开透明化，杜绝暗箱操作；将排污权的性质认定为企业的财产权，而不是一项行政许可权；搭建排污权交易平台，并引入市场力量，创新排污权交易产品设计，让市场上的排污权交易产品实现多样化，满足企业的不同需求。

五、强化信息公开与监督

在牢固的法律基础上，各国根据不同地区的气候、空气污染的跨界性、污染物排放特征和相应的工业发展水平，有重点、分区域地开展雾霾防控联动工作，建立符合各国大气污染现状的污染物排放制度，完善污染物排放清单，建立污染物联合监测网络，对工业污染物排放进行合理监控，并及时对外公布相关数据。数据的公开以及监督平台的完善，降低了群众参与的成本，极大地调动了广大群众的参与性，从而为雾霾治理增加助力。

针对大气污染具有相互传输影响的特征，公众也享有大气环境信息知情权，所以各地方政府应加强区域联动，完善区域空气质量监测网络，建立区域空气质量预警及应急联动工作机制，联合构建区域信息检测发布平台和预报预警平台，实时发布大气质量指数，共享监测、预警等信息，提高雾霾检测预警能力；发生区域空气重污染时，各地方政府应积极会商、联合应对，特别是针对灰霾的监测，需要建立严格的数据质量控制系统，定期向社会发布全面的大气污染治理方案等。推进环保信息公开与共享，让公众及时了解空气质量状况，对提高环境公共治理效果至关重要，譬如洛杉矶的空气污染数据在网上实时发布，公众可以随时查看和监督，这对污染企业的排污行为有很大的警示作用，这种方式也可以提高政府在公众心目中的公信力；以英国为例，政府在全国范围内设立了大气监测网，由450个团体组成，具有1200个空气检测网点，对烟尘和二氧化硫平均每小时进行一次采样，每月测一次降尘量，并将爱丁堡、伦敦与谢菲尔德等作为重点检测区，英国市民可以通过网络及时查询每日空气质量发布状况。

现阶段，关中城市群的空气质量监测网络和预警机制较为落后，信息滞后且缺乏有效的监督平台，民众的参与程度较低。因此，在关中城市群治污减霾防控联动中，政府要建立区域雾霾协同治理体系，加大监测网点的设置，提高空气质量监测能力，完善监测系统，加强预警机制的建立，及时公开环保信息和大气质量信息；完善空气质量信息发布制度，实现区域监测信息共享；通过微信、微博、社区信箱、环保公益等公众平台，多渠道发布空气质量信息；社会公众对雾霾治理有监督权，因而应该建立空气污染举报平台，开通公民参与热线，加强社会监督，设立相应的奖励机制，鼓励公众参与雾霾防治工作；政府还需完善环境公益诉讼制度，即当公众自身的权益因周边污染受到损害时，可以通过诉讼的方式维护自身权益，用法律保障公众对大气污染治理的监督。政府也应积极响应环保组织的协同治理行为，为环保组织创造良好的社会环境和政策环境，确保环保组织的独立性与创新性，并给予一定的政策扶持和资助。

六、提升公众参与度

（一）引导公众积极参与治污减霾防控联动工作

政府政策的制定和执行，都需要公众的参与、关心与支持。动员公众参与到雾霾防治中，积极接受公众的意见与监督，充分与公众沟通和交流，营造全社会共同努力防治雾霾的氛围，不仅有利于增强政府公信力和推动政策的落实，也有利于培养公众的环保意识和责任意识。

虽然人们的环保意识随着雾霾污染的加重也在逐步提高，但部分公众的环境科学素养仍需要提高。所以，政府要积极推动并实施大气污染治理行动计划，制定关于环境保护的宣传方案，努力营造良好的环境保护社会氛围，强化公众环境保护意识，调动公众参与治污减霾的积极性；完善关于环境教育的法律法规，通过法律的形式让各个阶层、各个职业、各个地方的全体公众都能得到环保教育，有效提升全体公众的环境科学素养；充分发挥微信、微博等新媒体和其他传统媒体的作用，通过建立社区环境教育平台，运用数字化、图片化、宣传片等形式进行环保、绿色、低碳理念的宣传，将环境教育融入人们的点滴生活，促使公众积极践行绿色生活方式，推动公众在潜移默化中自觉参与大气污染治理。

其他国家的经验表明，雾霾治理过程中充分调动公民参与，对提高跨域合作治理绩效具有重要作用。美国的《清洁空气法》正是在民众强烈的参与意识推动下共同努力取得的成果；日本的企业公害防止管理员制度也是公民参与环境治理的典型案例，政府还鼓励受害者起诉污染企业对其进行赔偿，鼓励公众为自己争取应有的权益。在治霾问题上，其他国家尽可能地吸引广大公众参与，争取公众对合作治理的支持。

公众参与是治污减霾防控联动的社会基础。要使防控联动工作顺利开展，政府应该采取多种形式和手段调动公众的积极性，动员和引导公民参与区域大气污染防控联动工作，积极听取各方诉求和想法，通过建立和完善知情制度、听证会制度、监督制度、诉讼制度、环保信息公开制度以及规范环境信息公开的主体、内容、方式和方法等措施，明确公众获取环境信息的程序、途径和方式，充分保证公众的知情权、参与权和监督权。

（二）开拓多种渠道，扩展公众参与的方式

公众关于雾霾防治的参与度较低的一个重要原因是缺乏相应的参与渠道。因此，为了让公众更好更高效地参与雾霾治理，必须拓宽公众的参与渠道。具体而言，在政策上积极构建和提供参与平台，鼓励公众以及其他民间环保机构都能顺利参与到雾霾治理的过程中来，实施自己的决策权及监督权，做到公开透明、有效务实；可以在政府牵头、企业出资的模式下，举办各式各样以治霾为主题的公共性活动，尽可能地让社会不同群体都参与进来；加强雾霾天气和空气质量信息公开，不仅要公开区域雾霾天气的现实状况，还要向公众阐明雾霾对健康的危害性，让社会公众全面了解雾霾天气防治的重要性和必要性，逐步提升公众的环境保护和资源节约意识；政府还应当充分利用好电视、网络、报刊等媒体平台，多渠道发布区域雾霾天气治理的最新消息，让公众拥有充分的知情权和监督权，如果公众对当地雾霾天气治理情况一无所知，那么就谈不上如何参与；可以充分利用互联网、听证会等多种渠道，通过公众监督某些污染行为，然后把相关污染信息传递给有关政府或媒体，由政府对其进行管制或者以舆论的力量推动这种情况的改善。关中城市群可以借鉴国外先进国家的经验，尽可能地拓宽公众的参与渠道，让公众参与渠道不再局限于单一的一种或者几种方式。

第四章 关中城市群治污减霾防控联动机制的现状

本章在前文研究的基础上，将评价关中城市群各市治污减霾效率，阐释治污减霾属地治理效率与关中城市群整体协同治理间的关系，提出实施防控联动必要性，进一步概述与分析关中城市群治污减霾防控联动机制形成以及结构特征等，构建防控联动的政策工具选择类型和运行方式，为关中城市群治污减霾防控联动机制研究提供科学的分析基础与逻辑切入点。

第一节 防控联动机制的形成

近年来，关中城市群多次出现雾霾污染天气，污染区域广泛且受害程度严重。根据哥伦比亚大学社会经济数据和应用中心公布的全球卫星遥感 PM2.5 浓度值数据，2006~2016 年关中城市群 5 个城市 PM2.5 年均浓度值如图 4-1 所示：

从 2006 年到 2013 年关中五市的 PM2.5 年均浓度值一直处于一个较高的水平，其间各市 PM2.5 年均浓度值出现一定程度下降，但在 2012 年出现骤增，2013 年各市 PM2.5 年均浓度值均达到顶峰。其中，西安 PM2.5 年均浓度值从 2012 年的 48.464 上升至 2013 年的 58.521；宝鸡 2013 年 PM2.5 年均浓度值为 46.898，与 2006 年基本持平，其间 PM2.5 年均浓度值虽有所反复，但基本保持在 36.497~46.898；咸阳 PM2.5 年均浓度值从 2012 年的 48.955 骤增至 2013 年的 63.992，空气污染严重；铜川 PM2.5 年均浓度值从 2006 年的 48.379 3 增至 2013 年的 55.041，虽在 2008 年、2011 年出现小幅度下降，但整体依然呈现上升趋势；渭南的 PM2.5 年均浓度值在关中五市中一直处于最

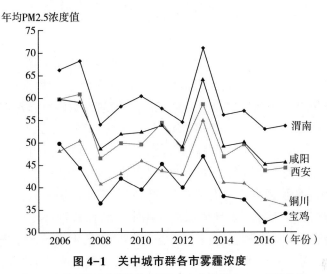

图 4-1　关中城市群各市雾霾浓度

资料来源：哥伦比亚大学国际地球科学信息网络中心公布的 **PM2.5** 栅格数据。

高水平，从 2006 年的 66.235 升至 2013 年的 71.083，虽在部分年份出现下降，但整体一直保持较高的 PM2.5 浓度值。关中五市 PM2.5 浓度值的增长显示出该地区空气质量管控工作的严峻性与迫切性，其严重的雾霾污染给该地区生态环境、人类身体健康带来了巨大威胁，成为制约关中城市群经济可持续发展的瓶颈。与此同时，关中城市群各市政府也开始采取相应措施，积极开展治污减霾工作。受此影响，关中五市在 2013 年后 PM2.5 年均浓度值均出现了一定幅度的下降。西安 PM2.5 年均浓度值从 2013 年的 58.521 下降至 2017 年的 44.358，显示出了良好的治污减霾效果；宝鸡 PM2.5 年均浓度值从 2013 年的 46.898 降至 2017 年的 34.087，大气质量得到一定程度的改善；咸阳 PM2.5 年均浓度值从 2013 年的峰值 63.992 降至 2017 年的 45.537，显示出了治污减霾工作的成果；铜川 PM2.5 年均浓度值从 2013 年的 55.041 持续下降至 2017 年的 36.138，表明随着政府治污减霾工作的开展，大气污染得到控制，显示出了良好的污染控制效果；渭南 PM2.5 年均浓度值从 2013 年的 71.083 降至 2017 年的 53.671，大气污染有一定程度的改善。这表明随着治污减霾工作的开展，关中城市群呈现出了一定的治污减霾潜力并取得了一定的成果。

2018 年 7 月国家出台《打赢蓝天保卫战三年行动计划 2018—2020》，关中城市群被列入《三年计划》治理范围，《三年计划》以及《"十三五"生态环境保护规划》成为关中城市群空气质量硬性约束，关中城市群治污减霾压力加大。具体而言，关中城市群治污减霾防控联动形成大致如下：

（1）2010年我国发布了《关于推进空气污染联防联控工作改善区域空气质量的指导意见》，陕西省相应形成了采取区域联防联控措施解决区域空气污染问题的思路。2016年全国空气质量重点监测城市排名中西安市处于倒数第8位，2015年陕西确定空气污染重点防治区域联动机制试点，探索围绕西安为中心的区域联防联控机制。最重要的空气污染防控联动实践是2016年丝绸之路国际博览会期间，陕西省环境保护厅牵头其他部门开展关中地区空气质量保障工作，旨在以关中城市群空气污染防控联动实现"丝博蓝"。

（2）2017年陕西省政府决定成立省铁腕治霾工作组，负责协调指导空气污染综合防控联动工作。省环境保护厅制定《陕西省网格化环境监管指导意见》，督促落实治污减霾监管责任，建立严格的空气污染治理领导问责制，规范问责程序，健全责任追究制度。2017年陕西省发展改革委制定《关中地区治污降霾重点行动项目建设指导目录》，陕西省环境保护厅制定《陕西省工业污染源全面达标和排放计划实施方案》，2018年陕西省政府制定了铁腕治霾打赢蓝天保卫战三年行动方案（2018—2020年）。同时，关中城市群各市政府组建铁腕治霾领导小组，针对省铁腕治霾小组指导要求以及本市空气污染状况编制本市具体治污减霾实施方案，制定各级政府空气环境质量目标和治理工作目标责任，强化各市下辖县区空气污染源监管，层层落实减排任务和具体责任人，并将其作为干部政绩考核的重要内容。

陕西省铁腕治霾小组还下设省重污染天气应急指挥部办公室，其与陕西省环境保护厅共同建立全省169个空气质量自动监测站，形成了覆盖13市（区）122县（市、区、新城和开发区）的一体化立体监测网络，对外实时发布监测数据并用于考核评价各级政府空气污染治理成效。省铁腕治霾工作组办公室统筹和指导各市成立雾霾治理领导小组并推动各市开展治污减霾工作；牵头和参与组成空气污染治理巡查执法组，对西安、宝鸡、咸阳、铜川、渭南开展了多轮巡查执法工作，对考核不达标、治理工作滞后的有关责任主体实施约谈，确保责任压力有效传导。政府与企业之间。陕西省国资委召开省属企业生态环境保护主体责任暨整改督导会，进一步贯彻落实省委、省政府关于全面加强生态环境保护工作部署，督导省属企业落实生态环保主体责任。各市县环保局为推进其所属区域"散乱污"企业治理，召开中小企业环境保护法律法规学习宣传培训会。开展企业清洁生产审核评估会，陕西省环境科学研究院评估办公室组织化工企业召开清洁生产审核评估会，帮助企业建立健全完整的环境保护内部管理体系。政府与公众及社会组织间。中国人民政治协商会议陕西省十一届委员会第五次会议提案提出了关于大力引导社会组织参与环境监测的建议，陕西省环境保护部、民政部联合印发《关于加强对环保社会组织引导发展和规范管理的指导意见》，引导社会组织有序参与生态文明建设，发挥民间智库和志愿者示范作用。2018 年，陕西省环境监测中心站积极组织举办环保公众开放日活动，引导公众参观省监测站国家环境监测中心西北分中心、空气污染综合研究实验室等，并由专业人员向公众讲解雾霾的成因、环境空气质量预报等知识，现场和公众进行互动交流。陕西省生态环境厅定期将超标企业名单、查处及整改进展情况向社会公开，西安市生态环境局受理群众匿名举报信，对群众举报污染企业情况进行现场检查，对未办理环评手续、非法生产或者生产中污染治理设施不运行、污染物偷排等环境违法问题严肃查处。

从各级政府政策工具选择和组合，以及政策工具控制个体和组织行为的强弱程度，可以分为"管制型政策工具""市场型政策工具"和"自愿型政策工具"。根据使用政策工具间相互关系，分为"纵向工具互动"和"横向工具互动"，根据政策工具系统聚合的广度与深度、协调性整合程度，可分为组织架构、信息系统和资金管理。如图 4-2 所示。

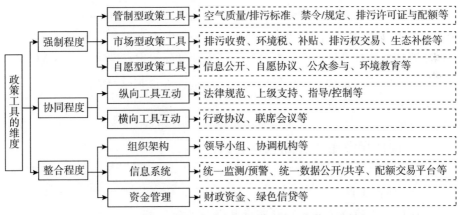

图 4-2　关中城市群治污减霾防控联动的政策工具框架

一、按各级政府政策工具选择和组合

各级政府政策工具选择和组合可以分为"管制型政策工具""市场型政策

工具"和"自愿型政策工具"。管制型政策工具涉及环境保护目标责任制、污染物排放浓度和总量控制、环境影响评价制度、三同时制度、限期治理制度等，其中"环境保护目标责任与考核"是各地方政府主要采用的政策工具。从市场型政策工具选择来看，主要涉及"财政补贴与奖励""超标处罚""排污收费""排污权有偿使用与交易"等政策工具，具体而言，2010年陕西以二氧化硫排污权交易为突破口，开展了首次排污权竞买交易；2016年陕西省制定排污权收费标准包括二氧化硫450元/吨、氮氧化物540元/吨；2018年确定了应税空气污染物适用税额为1.2元/污染当量。"绿色金融""生态补偿"等类型工具使用较少。自愿型政策工具涉及信息公开、自愿协议、公众参与和环境教育等，当前各城市在自愿型政策工具使用表现出了显著的一致性，主要采用"环境违法事件举报""环境信息公开""环境保护宣传教育"等工具。

管制型政策工具通过强制性的政策要求使控制对象做出合法合规的行为，它没有明确的责任、义务和权利关系，更不存在自主选择的空间，立法趋向是义务本位的。以市场调节和自愿沟通（或自我约束）为基础的政策工具，给予控制对象平等的地位，在实践中要求权利与义务的统一，如大气污染物排污权交易政策的实施，使企业获得自主选择排污交易的自由；在环境损害赔偿中，公民参与污染治理的同时有权向污染者提出赔偿，这两种政策工具均在考量政策对象权利的基础上实施，它们的立法趋向则是权利本位的。虽然到目前为止，中国大气污染防治的政策工具仍以命令控制型为主，但近年来，随着关中城市群环境信息公开、公众参与等一系列政策的增多，说明大气污染防治政策工具的立法取向正逐渐走向权利本位，这将促进企业与公众明确其在污染防治中的权利、义务和责任。

二、按使用政策工具间相互关系

（一）纵向工具

关中城市群建立了正式、常态性"领导小组"旨在推进区域治污减霾防控联动实践，"领导小组"的成员由其他部门人员代理，不增加编制名额、不独立调拨经费，人员配备、编制、经费等安排在现有行政管理架构中完成，"领导小组"组织架构如图4-3所示。

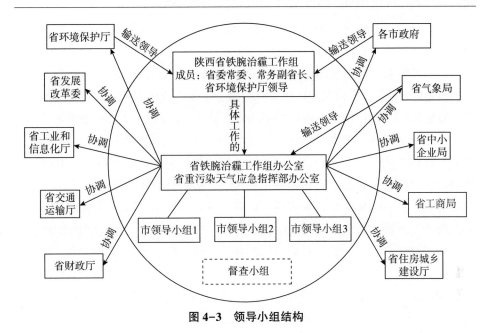

图4-3 领导小组结构

从实际运作过程来看，该领导小组存在一些不足。首先，该工作组构造简单，工作组下设办公室，并委托两个办公室承担区域治污减霾防控联动的具体联络协调工作，该办公室级别较低，权威性不足，不利于关中城市群治污减霾防控联动工作的整体实施。其次，该工作组职责范围并未细致划分，专业性不强，分工不明确，使得治污减霾措施实施的操作性不能得到保证。最后，该工作组临时性较强，未形成常设机构，且法律地位并未明确，对于政策的编制、工作的部署等主要靠会议的形式决定。这样的组织结构特征就是各个独立、具有职务权威的领导们组合搭配，以实现职务权威为依托的副职分口协作，仅仅属于相互协作层面。

（二）横向工具

（1）多层次联席会议。在实践情况中，联席会议其召开形式和会议内容等可以根据当前交流与合作的需要而灵活确定，根据不同的划分标准，各级政府及相关部门可以采取不同类型的联席会议。联席会议的运作主要指联席会议的组成与召集、会议程序等整个会议运作的过程。关中城市群区域联席会议、跨行政区域联席会议、同一行政区域内各部门联席会议等应该围绕以下几个方面开展。参会主体由各级政府机关及其工作人员代表进行参与，尤其是保证参会主体的职权与联席会议议题有直接联系；根据不同层次联席会议的类型确定时间与期限，采取定期性和临时性相结合的召开形式；会议地点，在承办方所在地轮流召开，或者采取视频会议形式异地召开，各参会主体轮流召集与组织会议；会议议题和内容根据当前交流与合作的需要而灵活制定，提前将会议议题提交参会主体做准备；会议职能以研究解决参会主体之间在治污减霾方面的重大问题，总结合作情况并规划下一阶段合作方向，协商审议和决定合作的重要文件。

（2）由对话式合作向契约式合作发展。目前关中城市群治污减霾在横向联动方面初步构建了联席会议，以推动各项工作任务的落实，但一年中召开次数较少，合作较为松散，合作不确定性较大，协商性有余而约束性不足。在契约式合作中，各主体在协议签署前可以进行协商，但协议缔结后则具有约束力和强制性，对话式合作在解决临时性合作问题时较为有效，而行政协议的签署是长期制度化合作的开始，具有持续性和稳定性。联席会议成果形式，要从以前非正式成果形式，比如名字中包含"备忘录""宣言""纪要""意向书"等文件形式，向比较正式的成果形式，比如名字中包含"合作协议书""协议""合作框架协议"等的规范性文件进行转换。

三、按政策工具系统聚合的广度与深度、协调性整合程度

（一）组织架构

从组织架构的层面来说，主要分为领导小组与协调机构。目前陕西省铁腕治霾工作组主要是以职务权威为依托的联动，需转变为以组织权威为依托的联动。以领导职务权威为依托的联动，有可能基于分管领导间的既往社会关系、默认的交往规则等，这类联动机制很容易随着分管领导的调动而被架空。因此，要将个人权威转变为以组织权威，同时在构建结构性协同的组织载体过程中明确职责分工、领导体制和运作方式，进一步将联动制度规范化。此外，协调机构只起到提供平台作用，实际权力有限。陕西省铁腕治霾工作组属于议事协调机构，其由临时性议事协调机构转变为常设型议事协调机构必须在科层制基础上坚持分工和专业化。办公室要在领导小组决策前做好调查研究工作，提出有关政策建议供领导小组作决策参考。

（二）信息系统

信息系统主要指关中城市群各级政府间应加强信息交流，畅通信息共享与流通机制。信息沟通和共享机制能减少信息不对称，导致"倒逼效应"的产生。越是现代化的政府体系，信息的流动过程在政府过程中的地位越重要，在

政府间防控联动机制中，信息扮演着重要的角色，它不仅是政府每项决定和活动的必要资源，也是直接决定地方政府防控联动中的彼此信任和理念意识。信息沟通和共享机制使得地方政府相互了解对方的信息，更能构建起彼此互动的协作关系，通过信息沟通和共享机制地方政府实现相互了解，互通有无，优势互补，这种作用又反过来促进各政府加强环境治理。

在信息系统中，政府是首要责任主体。政府提供环境信息最有法律依据、政府掌握的环境信息资源最多、政府最有资金和组织能力，而且环境信息互通具有正外部性，存在市场失灵，需要政府负责。同时，部分企业过于考虑生产利润及自身形象，加之运营过程中环境信息的不对称性，公布环境信息的意愿显著不足，存在逆向选择及道德风险问题，政府在环境信息公开过程中需要切实发挥的主导作用更加凸显。信息互通在政府的统筹协调下，相关责任主体也包括污染源、公众、非政府组织、专业机构等。相比于每个城市公开单向、局部的信息公开，信息互通是交互、网状的信息关系，信息互通强调信息流全过程管理，跨越政府内部及政府与其他组织之间的鸿沟，做到信息、资源共享，实现协同。

（三）资金管理

从资金管理层面看，主要涉及财政资金、绿色金融、绿色信贷等。即通过财政投入或者贷款、私募基金、债券、股票、保险等金融服务将社会资金引导到支持环保、节能、清洁能源等绿色产业发展的一系列政策和制度安排中。当前绿色金融产品主要有绿色贷款、绿色私募股权、共同基金、绿色债券以及绿色保险等。绿色贷款的政策是指银行利用较优惠的利率和其他条件，以支持有关绿色项目同时限制有负面环境效应的贷款项目。陕西整体的绿色金融产品处于初级发展阶段：2019年，陕西成功发行首单绿色企业短期融资券，该债券主要用于企业污水处理、水生态治理项目。推进关中城市群的绿色金融发展需要政府鼓励市场提供更多的绿色金融产品，拓宽企业实现清洁生产过程中的金融产品选择。

第二节　各市治污减霾的效率分析

一、研究方法与指标选取

（1）治污减霾效率评价方法分为绝对效率评价与相对效率评价。绝对效率评价依靠构建指标体系和专家赋权打分；相对效率评价主要通过非参数评价模型，比如数据包络模型（DEA 模型），选取投入产出指标，通过决策单元间相对比较得出效率值。绝对效率评价结果受主观因素影响较大，其广泛性与适用性不足。DEA 模型评价方法不用考虑特定函数形式，避免对评价标准主观赋权，且对投入产出指标没有量纲要求，因此本章主要采用 DEA 评价模型得出各城市治污减霾相对效率值。

（2）Super-SBM 模型。本章采用 Super-SBM 模型进行效率测算，该模型将超效率和 SBM 模型相结合，并关注松弛变量大小，进而改进了传统径向 DEA 模型。

$$\min\rho = \frac{1 - \dfrac{1}{m}\sum\limits_{i=1}^{m} s_i^- / x_{ik}}{1 + \dfrac{1}{q}\sum\limits_{r=1}^{q} s_r^+ / y_{rk}} \tag{4-1}$$

$$\text{s. t.} \quad X\lambda + s^- = x_k$$

$$Y\lambda - s^+ = y_k$$

$$\lambda, s^-, s^+ \geq 0$$

式中，ρ 为目标效率值，x_{ik}、y_{rk} 分别表示投入和产出向量；向量 s_i^-、s_r^+ 分别为投入松弛量和产出松弛量；λ 为权重向量。对于特定的决策单元而言，仅当 $\rho=1$，且 s_i^-、s_r^+ 均为 0 时，该决策单元才达到有效，反之则说明决策单元未达到有效，需在投入产出方面做出相应改进。

超效率模型的关键是将被评价决策单元从整个决策单元集里去掉，被评价决策单元的效率由相对其他决策单元组成的前沿面所决定，有效决策单元的效率值往往大于 1，从而在整个参考集中区别有效的决策单元。SBM 模型针对无效决策单元进行分析，无效决策单元的状态与强有效决策单元之间的差距，既包括等比例潜在优化的部分，还有松弛优化部分，SBM 模型能测算投入量潜在松弛优化部分。

（3）基于国内外治污减霾效率相关研究成果（王奇、李明全，2012；郭施宏、吴文强，2017），本章沿用成本—收益分析思想并根据系统性、综合性和可操作性等原则对关中城市群治污减霾效率评价指标体系进行了构建。这部分数据主要来源于各年《陕西省统计年鉴》，关中城市群治污减霾效率评价指标体系如表4-1所示。

表4-1 投入-产出评价指标体系

指标	具体指标构成	指标表征
投入	废气治理设施数量/套	反映空气污染治理固定资产的投入情况
	废气治理设施运行费用/万元	反映了当年用于空气污染治理的人力、能源等各种生产要素投入
产出	二氧化硫去除量/万吨	工业二氧化硫治理情况
	烟（粉）尘去除量/万吨	工业烟（粉）尘治理情况

二、效率的变化趋势分析

分别计算关中城市群五个城市 2006～2017 年的治污减霾效率值、技术进步效率值和规模效率值，具体测算结果如表4-2所示。

表4-2 2006～2017年关中城市群各市治污减霾效率测算结果

城市	年份	效率结果	技术效率指数	技术进步指数
西安	2006	1.1817	—	—
宝鸡	2006	0.0872	—	—
咸阳	2006	2.703	—	—
铜川	2006	0.0289	—	—
渭南	2006	0.4611	—	—
西安	2007	0.3545	0.5253	0.5291
宝鸡	2007	0.0897	1.1545	1.0774
咸阳	2007	0.6024	1	0.2013
铜川	2007	0.0306	2.6531	0.4957
渭南	2007	0.5744	1	1.2925
西安	2008	0.2709	0.977	0.7537
宝鸡	2008	0.1068	0.4712	0.9717
咸阳	2008	0.2368	1	0.8107
铜川	2008	0.0135	0.4965	0.9904
渭南	2008	0.5089	1	1.0325
西安	2009	0.2153	0.4164	1.8246

续表

城市	年份	效率结果	技术效率指数	技术进步指数
宝鸡	2009	0.4339	5.1389	1.307
咸阳	2009	0.0975	0.0362	5.3368
铜川	2009	0.3622	6.4363	0.9722
渭南	2009	1.0697	1	2.0772
西安	2010	0.3269	4.6798	0.3496
宝鸡	2010	0.2863	0.7778	1.114
咸阳	2010	0.5417	13.1486	0.5992
铜川	2010	0.3557	1.1711	0.8783
渭南	2010	1.4431	1	1
西安	2011	0.361	0.2647	2.0103
宝鸡	2011	0.9041	3.3137	1.0939
咸阳	2011	0.359	1.1439	1.2311
铜川	2011	1.6422	5.2533	2.3857
渭南	2011	0.9966	1	0.9455
西安	2012	0.5445	2.6383	0.7791
宝鸡	2012	0.3979	0.6478	0.6098
咸阳	2012	0.5173	1.8342	0.6936
铜川	2012	0.9271	1	0.8223
渭南	2012	0.7967	1	0.6135
西安	2013	0.288	0.6496	1.2404
宝鸡	2013	0.5885	1.3806	1.1293
咸阳	2013	0.58	1	1.0327
铜川	2013	0.6103	1	0.5942
渭南	2013	0.9602	1	1.1841
西安	2014	0.2532	0.7664	1.2863
宝鸡	2014	0.3146	0.365	1.2451
咸阳	2014	0.7565	1	1.3335
铜川	2014	1.0757	1	2.0469
渭南	2014	0.613	1	0.5461
西安	2015	0.1939	0.9099	0.8079
宝鸡	2015	0.2739	0.8531	0.9278

续表

城市	年份	效率结果	技术效率指数	技术进步指数
咸阳	2015	0.7119	1	0.8996
铜川	2015	0.8595	1	0.586
渭南	2015	0.5982	0.6298	1.4667
西安	2016	0.1349	0.3627	1.947
宝鸡	2016	0.2424	0.6971	1.8019
咸阳	2016	0.5889	0.4313	1.8114
铜川	2016	1.4854	1	1.7064
渭南	2016	0.5007	0.4875	1.8177
西安	2017	0.1309	2.6133	0.363
宝鸡	2017	0.1725	2.2813	0.3796
咸阳	2017	0.3051	2.3184	0.2903
铜川	2017	0.5684	1	0.4609
渭南	2017	0.4526	3.2574	0.2632

从整体看，关中城市群治污减霾效率呈现逐年上升趋势，尤其2016年后有大幅度提高。各市治污减霾效率普遍水平不高，距离实现 DEA 有效存在较大差异，仅渭南市在 2009~2010 年实现 DEA 有效，但没有继续维持有效状态。研究期内治污减霾效率差距整体上是缩小的，但是改善幅度非常有限。

从时间进程看，2006~2017 年西安治污减霾效率变动不大，呈现逐步收敛趋势。宝鸡、渭南等城市治理效率变动趋势呈现倒 U 型特征，而且渭南治污减霾效率一直较高，咸阳等城市的治理效率变动趋势呈现微弱 N 型特征，各城市空气污染治理效率随时间波动规律呈现多样化趋势。这些趋势变化可能与我国环境管理体制，以及中央政府对地方政府环境治理考核指标等因素有关，具体而言，2006 年我国将能源强度下降 20% 和关键污染物排放总量削减 10% 作为经济发展的硬性考量指标，这是改变片面注重 GDP 增长速度，将生态环境绩效纳入地方政府考核指标的重要举措，2010~2011 年，宝鸡、渭南治污减霾效率为各自历年最高值，这种情况很有可能是政策影响所致，效率值波动期间是"十一五"完成以及"十二五"开始时，地方政府面临污染治理考核和成效验收，政府加强了燃煤电厂等排污企业检测，加强脱硫设施等装置的安装运行等政策，造成工业烟（粉）尘、二氧化硫去除量都有所增加。2012 年出台的《重点区域空气污染防治"十二五"规划》，明确提出空气中 PM10、SO$_2$、PM2.5 年均浓度下降的目标值，紧接着 2013 年颁布了《"十二五"主要污染物总量减排考核办法》，地方政府在财政和政府的双重激励下，治污减霾效率出现小幅增长。

从城市维度看，渭南、铜川等市治污减霾效率相对较高，该结果可能是由这些城市治污减霾相对比较容易，以及空气污染治理投入适度等多方面因素综合作用引起，但是，2006～2017 年渭南历年 PM2.5 浓度值位于关中城市群各市之首，治污减霾的压力较大，同时，渭南废气污染设施运行费用占工业总产值的比重一直高于其他城市，虽然渭南予以重点治理，但是污染治理速度仍远远跟不上快速工业化、城镇化进程。渭南治污减霾效率的提高对雾霾控制并未起到显著影响，甚至出现越治污染越严重的窘境，因此，需要调整产业结构实现产业协同减排，以及提高财政环保治理资金使用效率，加强环境规制政策工具的组合与选择。西安、宝鸡等地的效率值较低可能与特定产业结构有关，2006～2017 年宝鸡第二产业占比都高于其他城市，由于工业废气治理效果受规模经济、技术进步等影响，废气治理设施的运行成本逐年上涨，导致治污减霾的边际效用不断递减，同时社会边际治理成本递增。2006～2011 年铜川治污减霾效率逐年提升，依赖资源密集型产业的经济发展方式导致二氧化硫、烟（粉）尘等排放量较大，引入治污技术后治理边际效用提高，污染物减排效率较高，2011～2017 年铜川效率值波动有可能与产业结构调整升级有关。

从技术进步效率看，西安、宝鸡、咸阳及铜川等技术进步效率均值都高于关中城市群平均值，表明这些地区工业企业在引进新技术投入治污减霾的能力在不断提高。西安、宝鸡及咸阳是关中地区经济较发达的城市，企业拥有较先进技术、管理方式及组织形式，无论从资金、人才、技术上，还是在基础设施、投资环境上都要优于渭南和铜川，因此有较高技术进步效率。从规模效率看，宝鸡、铜川的规模效率均值都高于关中城市群平均值，而规模效率均值较低的地方，一方面，由于区域市场分割导致治理目标碎片化，割裂市场使资源配置存在扭曲，中小企业的生产规模达不到治污设施的规模经济；另一方面，由于投入存在冗余或产出存在不足，投入产出没有实现规模最优，造成了一定程度的效率损失。

三、效率的空间特征与防控联动的必要性

对关中城市群各城市治污减霾绩效及其在空间关联性的分析，能促进形成

高效有序的治污减霾防控联动机制。关中城市群各市治污减霾效率变化趋势如图 4-4 所示。

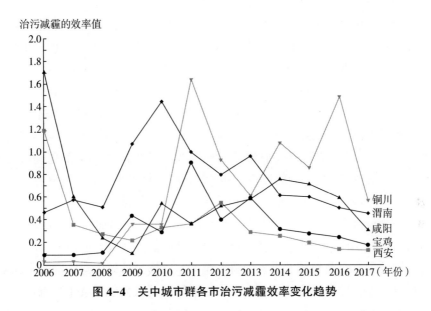

图 4-4 关中城市群各市治污减霾效率变化趋势

从各市历年效率值变化趋势来看，关中城市群各市治污减霾效率存在较为显著的空间异质性，效率发展不同步，各城市治污减霾效率的提升空间亦有所不同。

（1）各市之间治理效率"非均衡"，且效率变动的关联性由"极化"向"趋同"演变。从 2014 年开始，西安、宝鸡、咸阳、渭南等城市效率值变动的协同性增强，且都呈现下降趋势。同时，关中城市群开始依靠管制型治理措施，关停并转排污企业，安装了大量减少排放、消除污染物的设施。这些趋势表明，仅依靠减排设施控制污染的空间已经被压缩，雾霾污染协商、通报、预警、联动和常规末端治理的政策边际效力呈现递减趋势，因此，必须研究建立起具有实质性的深层次防控联动机制，避免过度使用行政手段来治理雾霾污染，而应该更多地研究和采用经济手段，以改变政府、企业、公众的激励机制，更多考虑众多利益相关方参与治污减霾，更多考虑治污减霾与关中城市群经济系统的互动。

从各市治污减霾效率，以及效率分解后技术进步效率和规模效率等方面分析表明，当前各市空气环境治理的不均衡与不充分现象较为明显。关中城市群各城市治理效率距离有效还有较大差距，效率从技术进步和管理水平两方面存在优化空间。实际情况中，治污减霾真正需要的技术型人员比较缺少且分布不均，经济不发达地区环保监督执法能力薄弱，执法人员专业性不强等，一些城市还为跨行政区治污减霾防控联动提供了某种契机，治污减霾本身具有正外部性特征，在一定程度上会促进地方政府之间相互学习与借鉴，因此，加强城市之间治污减霾相互学习与借鉴，充分发挥区域内各地方政府优势。

（2）发挥区域防控联动作用以提升"碎片化"治理政策的边际效力。虽然自2014年开始关中城市群治污减霾政策力度逐年加大，但西安、宝鸡、咸阳及渭南的治理效率有所下降，反映治污减霾政策规制力度的边际效率在降低。在这种情况下，如果不改变环境管理体制局限性，调整治污减霾模式，在政治协调基础上探索利用市场机制的治理工具，治污减霾将陷入低效运行窘境。2006~2017年，关中城市群整体规模效率平均值为1.64，同时期技术进步效率平均值为1.13，规模效率增长率高于技术进步效率。因此，还须加强城市群内部整体治污减霾的技术标准、执法监督、投融资、基础能力建设等方面的互动与融合发展，推动配套资金与技术投入的全面统筹，发挥规模效应与协同效应，降低政策执行成本，推进城市群治污减霾防控联动机制结构的复杂化演进。

（3）"属地治理"方式在应对污染范围局限于单个行政区环境问题时具有合理性和有效性，当涉及具有流动性的雾霾污染问题时，各城市治污减霾的主观意愿及客观治理能力的差异，会在一定程度上抵消整个区域治污减霾的效果。考虑各市治污减霾"投入-产出"效率同时呈现投入规模不足与规模边际效应递减的特征，要增强各市治污减霾资源的需求调控，提高各类投入要素的配置效率，使得城市群整体治理成本最小。要发现投入要素组合的限制因素，差异化调度治理资源，保障城市群整体治理效率。

第三节　防控联动机制存在的问题

一、利益协调和补偿机制不健全

防控联动整体上表现为"自上而下"的行政动员模式。通过中央政府强力的政策部署带动省级政府、地方政府治污减霾工作，但各地方政府的响应速度存在差异，各地方政府在关中城市群治污减霾政策协同上表现出驱动力度不一。具体而言，地方政府参与防控联动的意愿取决于财政能力、污染程度、资源禀赋等，共同利益既是驱使区域协同的内生动力，也是机制设计的重要目标。然而，由于治污减霾会影响到各地的税收财政，各地方政府的积极性明显不高，而且各地方政府间的"共容性利益"偏弱，存在利益诉求不一致的情况。对于区域治污减霾这种正外部性的公共事务，地方政府难以准确预测合作治理收益以及合作成本，本能倾向于以邻为壑和转嫁污染。

由于地方政府间没有领导与被领导的关系，其合作或者是靠利益驱动，或者来自中央政府的安排和命令。其中，利益分配机制在地方政府协作中发挥重要作用。在财政分灶吃饭、环境分区负责体制下，各地方均以经济增长为首要目标，长期忽视生态环境的保护，如果缺乏横向地间的利益补偿机制，就难以维持区域生态系统的平衡状态。在理论上，为了解决外部性问题，庇古认为应该对边际私人成本小于边际社会成本的部门实行征税，对边际私人收益小于边际社会收益的部门实行补贴，通过市场交易或政府调节两种方式进行安排。跨行政区环境治理，既需要确定不同行政区的治理责任和相互间的补偿标准，又需要重新协定环境资源在不同行政主体和经济主体间分配的方式与份额、使用的权利与义务。但现实中，地方政府间并没有达成统一的利益补偿协议。补偿标准不统一、补偿主体客体不明确、补偿方式的不恰当等都会影响跨行政区环境治理中地方政府的积极性。

另外，由于缺乏相应的强制执行机制，使得已有的利益协调和补偿机制流于形式。在市场经济中，以商品交换为特征的市场合同受到刚性法律和强有力司法体系的保障，市场中的个体或企业违约，则会受到司法体系的惩处，由于司法体系的存在，保障了市场合同得以履行。而地方间的利益协调和补偿机制更多是一种承诺或协商，并没有受到外部强制实施机制的制约。在地方政府协作中，某个地区做出权利性承诺后可能采取机会主义行为，与其达成协议的其他平行地方政府缺乏足够的强制执行机制来进行惩罚，从而保证合同的履行。正式的环境纠纷仲裁机制的缺乏，导致区域内环境污染的纠纷争议事件等棘手问题无法调解，在很大程度上影响地方政府间协作的持续。

二、缺乏沟通协商机制

合作各方签订了协议或达成协同行动，但仍有地方政府执行措施不力或"非完全"执行，这主要是因为合作协议的执行需要物质基础作保障，包括财力资源与信息资源等的不均衡。地方政府间的信息不对称导致治污减霾协同效应的脱节，一方面地方政府对彼此治理进展情况不了解，另一方面地方政府为了追求自身利益最大化会刻意隐瞒重要信息，彼此提供的不准确信息难以成为下一步行动的决策依据。

跨行政区环境治理不仅需要人力、物力和财力支撑，更需要地方政府间建立有效的合作机制和制度。但是，跨行政区的地方政府间没有行政隶属关系，相互之间不存在命令与被命令的强制关系。区域内横向政府之间的协作关系发育不良，缺乏加强相互沟通和合作的主观能动性。即使各方有相互协作的意愿，如果没有足够的激励使得几方承担合作启动的成本，缔结合约的过程也很难启动。此时如果存在一个被普遍认可的协商平台或机制，可以使各个地方政府通过这个平台或机制，围绕环境治理协作的投入方式、协作的回报以及协作的分工等一系列问题进行协商和谈判，就会增加地方政府在区域环境治理中进行协作的可能性。然而，我国现有环境管理中，地方政府间普遍表现出对纵向关系的过度依赖，缺少跨越行政区划的横向沟通机制。在发生污染时，各地方需要各自上诉至各上级政府，由上级政府沟通后再对下级地方进行协调，这样的沟通路径是高成本且低效率的。

同时，地方政府间合作机制的落实缺乏可信承诺。如果缺乏有效的机制保障，合作中的某一方可能会由于人为或体制因素中断已有的合作协议，导致合作中断，合作一旦中断，就会影响双方在下一阶段进行合作的可能性。《公共事务的治理之道》一书指出，可信的承诺是集体行动的一个难题。区域环境治理中的地方政府选择协作时也无从知道其他地方政府是否在遵守承诺、是否私自行动获得更多的利益。政府间达成承诺后，不排除会出现某些地方偷排超标污染物的行为。怎样才能建立起地方政府间的信任关系，这是协作机制得以实现的基础。根据现有各地区的区域环境保护协议内容来看，区域内已经建立起层次分明的协调合作机制，但这些协调合作机制普遍具有非正式性和组织化程度低的特点。地方间通过会晤、座谈和联席会议的方式就环境治理协作的内容交换意见，基本上只进行协商谈判而无决策，即合作机制不具备制定执行性决策的功能。这种非正式的合作机制不具有强制约束性，会造成未来实际的执行困难。此外，大部分合作协议还停留在框架性的共识层面，缺乏具体的落实措施与之配套，使得协调共识的落实效果大打折扣。

三、信息共享机制和通报机制不完善

防控联动的实践运行主要依靠省级政府等行政强制手段促使地方政府参与，由于政府信息和能力有限、区域内环境经济系统复杂等因素，导致存在政策失灵风险。命令控制性"政治协调"容易致使防控联动面临治理信息偏失、缺乏利益平衡、忽视诉求差异等众多问题。地方政府采取管制型政策工具如"关停并转"污染企业、生产经营"错峰"、机动车限行限号等具有明显强制性、被动性特征，政府短期性命令管制型政策严重扰乱了企业治理污染的预期，政策频繁变更使得企业只能被动应对，而且政府直接干预企业生产容易引起政企合谋，很难做到对污染企业一视同仁。政府的执法监管能力有限，无法清晰识别利益相关方之间的污染与损害关系，政府的环境监管能力与被监管企业数量广泛性以及监测过程复杂性之间存在监管悖论。

地方政府间跨区域合作治理中信息不对称的原因是多重的。科斯认为，古典经济学假定市场交易活动是在"真空的""无摩擦"的状态下进行的论断，是有悖于现实的。实际的交易活动必然存在为达到交易成果而需付出的费用，这些费用包括寻找适当的交易对象的搜寻和信息成本，签订交易合同时的议价成本，为了完成实际交易活动的监督履约成本等。同样，在跨行政区环境治理中也会引发更多的行政交易，而不是市场交易。这是因为他们需要收集信息、进行决策、制定规章、监督规章的遵守情况以及对这些规章的执行。另外，由于中国采用自上而下的官员选拔机制，众多同级政府官员竞争一个岗位，这种"你上则我不能上"的选拔规则使同级政府官员之间处于零和博弈，其最优解是导致竞争对手之间无法形成自愿合作。由此可见，在主观上，地方政府协作中交易费用的存在源于获取信息价格的高昂，即行动者为了实现协作，必须利用各种资源来搜寻所需要的潜在合作伙伴的信息。即使在利益主体间存在互利合作的可能，但利益主体间由于信息不对称、政府部门利用行政管制和法律等手段来人为限制信息自由流动以维护其既得利益等因素的影响，也有可能因个体理性与集体理性的矛盾而导致利益主体间合作的流产。不同的行政区地方政府间缺乏畅通的信息交流渠道，使得地方政府的思维局限于本辖区内，只能按照自身资源信息作出决策，无法从区域全局思考问题，导致管理成本提高和管理效率低下，形成管理决策的数据信息平台的结构性破碎。在客观上，上级政府并没有制定统一的信息系统标准、模式和体系框架，各地方环境监管部门各用一套独立的环境数据监测仪器、网络技术标准、数据模型、信息代码等，数据库的不统一导致地方间各种环境监测数据无法整合，形成地方间的信息"孤岛"。

此外，即使建立了地方政府间的信息共享机制，在缺乏有效监管机制和惩罚机制的情况下，也不能排除地方政府不执行或虚假执行的可能。跨行政区环境治理中，地方政府拥有"私人信息"，中央政府核查地方政府具体行动的信息需要耗费巨大成本，通常中央政府不愿意花费巨大的成本进行信息收集和辨认。地方间彼此信息的不对称性，增大了协调中机会主义行为的可能性，进一步提高了信息的成本和监督的成本。

四、防控联动参与主体单一

地方政府是防控联动的主要参与者，企业少有自愿自发，公众参与积极性不高，社会组织力量薄弱。一方面，企业只被视为污染和处罚对象，造成企业主体意识和责任意识淡薄，缺乏对清洁生产技术和治污技术的学习认知，少数主动参与空气污染治理企业以国企居多，更多企业迫于环境管制压力进行污染治理，对环境政策"选择性"执行，即使参与企业较多的排污权交易市场，目前也处于探索试点阶段，尚未形成统一全面的市场体系，因此，防控联动涉及的企业以及行业数量有限。就公众层面而言，公众认为防控联动是政府和企业之间的行为，并未将自己视为治污减霾的利益相关者，防控联动未形成统一、广泛的公众参与渠道，非政府环保机构的组织化和制度化程度没有达到理想状态，寻求公众参与空气治理机制显得尤为重要。

区域环境治理防控联动涉及政府、企业、公众等主体，不同主体在区域环境协同治理中发挥独特作用。一是坚持政府主导。我国实行单一制，且历来有中央集权的传统，因此我国政府一直在区域环境治理防控联动中发挥主导地位。在跨区域生态环境协同治理中，政府的作用主要在于设立协同领导机构，制定协同政策，健全协同制度和机制，完善生态法治，严格执行法律。二是企业响应。企业是市场行为的主体，是经济利益的直接创造者。而经济与生态息息相关，企业特别是工业企业的生产直接关系着生态环境的质量。由于市场中存在一定的"政府失灵"现象，因此创造良好的生态环离不开企业的积极响应和配合。在跨区域生态环境协同治理中，企业的主要作用在于积极响应国家环保政策，推动自身产业结构升级，提高科技含量，积极开发绿色产品，淘汰落后产能。三是公众参与。公众是区域环境治理成效的利益相关者，其参与区域治污减霾可以弥补政府为主导的单一治理模式的不足，更能为政府的环境规制起到保障作用。因此在跨区域环境治理防控联动中，公众应该从自身做起，增强生态环保意识；积极参与生态保护实践；积极行使监督权、建议权，通过参与各种座谈会、听证会等积极参与监督，推动美丽中国的建设。

第五章　关中城市群治污减霾防控联动机制的实证研究

防控联动的目的是实现治污减霾中多元主体协作，本章基于防控联动中地方政府、企业与公众等利益相关者的博弈以及相关者主体行为和策略选择，在厘清地方政府与地方政府之间、地方政府与企业之间以及地方政府与公众之间的主体行为对防控联动影响的基础上，构建了地方政府-企业-公众防控联动的分析框架，并据此进行了实证分析，进而为关中城市群治污减霾防控联动机制研究提供理论与实证数据支撑。

第一节　机理分析与研究假设

一、机理分析

防控联动机制可以简单界定为多元行动主体超越组织边界制度化的合作行为，该过程是一个多元利益相关者互动影响的复杂系统。地方政府、企业、公众三个主体是防控联动的关键行为者，地方政府承担"元治"的角色和功能，从直接管理控制排污企业逐渐向提供各种治理制度促成排污企业自发治理，通过制度、市场规则设计使污染成本内部化，企业是主要排污主体和被监管对象，公众则发挥基础性监督作用。本书将防控联动机制的多元主体关系分为三层：地方政府与地方政府之间、地方政府与企业之间、地方政府与公众之间，将这三层作为最重要且最关键的互动关系与联动行为进行研究。

（1）"地方政府—地方政府"之间实现治污减霾政策协同是防控联动关系确定的真实反映，政策协同也是跨层级、跨区域等多个政府部门在统一的政策工具框架内，以创造一致性政策效应为目标，共同完成相似治理议题下的行为印记。考察地方政府之间政策协同的影响因素就是探讨防控联动构建的过程，具体分析如下：

第一，财政能力问题关系协同关系的形成以及保障合作目标的实现，在分财政体制下，地方政府的财政各自处理地区的税源和使用都根据本行政区域情况来考虑，各地方政府掌握的财政资源有限。同时，财政收支体现了中央政府与地方政府间财政收入和支出权力的分配关系，地方政府间缺乏联系与合作的财政基础。本章通过一般公共预算支出与一般公共预算收入的差额占一般公共预算收入的比重来衡量财政压力，财政压力越大表明地方政府对中央政府转移支付依赖程度越大，其可支配财政收入越低，地方政府财政支出自由度较差，受中央转移支付的制约较强，因此地方政府对中央政府环境治理政策的回应度较好；财政收支压力越小表明地方政府可支配财政中转移支付的比重较低，地方政府辖区内税收额数量可观，实际中税收额数量与辖区里企业数量及规模成正比，治污减霾会对当地企业生产造成一定程度的负面影响，影响地方政府税收收入，诱发财政压力小的政府对雾霾协同治理的公共价值认知出现偏差，导致政府合作治理态度不稳定。

第二，产业结构的分殊导致政策协同成本与协同收益的"非均衡性"。治污减霾离不开对产业结构的调整，牵涉产业结构、产业组织、产业技术等多个方面，不同的经济发展阶段产业转型的具体目标也不同，导致各方合作主体环境治理目标不尽相同。反观实践，治污减霾政策实施中存在对传统产业的中小企业简单地关停并转，导致中小企业被迫搬迁或消亡，造成了人员下岗和对地方政府税收的冲击，地方政府对税收压力和社会压力的承受程度不同，为了实现辖区内快速经济增长，执行区域一致性治污减霾政策的动力不足；产业结构的相似性有利于扩大绿色技术的适用场景，使得地方政府治污减霾政策制定上更为接近，整个区域内能源消费结构调整、绿色技术研发投资等能达到规模经济。

第三，我国环境规制是中央政府制定再由地方政府实施。但地方政府为了发展经济而对环境规制选择"完全执行"或"非完全执行"，即地方政府拥有一定自由裁量空间。地方政府为了吸引流动性资源可以选择不同的环境治理投入水平，环境治理投入程度反映了地方政府对环境的偏好，进而影响对公共品自愿供给。环境偏好较高的地区更加注重环境效用，在合作中主要由于受益方更乐于参与合作；而环境偏好较低的地区，合作虽然可以增加环境效用，但由于其环境偏好较小，区域环境合作可能会降低经济效用从而降低其参与合作的意愿。由于地方政府偏好制定和执行符合自身的环境规制，以及官员的晋升锦标赛，各地的地方政府在执行中央制定的环境规制时往往存在不同程度"放松"执行力度的现象，执行环境规制的强度水平不同。

（2）"地方政府-企业"是治污减霾防控联动的关键博弈主体。采取环境规则约束和引导企业排污行为，对企业的经济活动进行调节，以达到生产经营与环境质量相协调的目标，属于政府较为直接有效的污染治理途径。因此，环境规制的传导路径以及企业的行为选择直接影响政府与企业之间防控联动的效果。

第一，环境规制强度增大会提高某些行业的进入门槛。在假设生产技术、要素配置和市场需求固定的前提下，企业根据市场会做最有效率的选择，环境规制强度的增加只会提高企业经营成本，环境规制强度影响企业使用环境资源、排放污染的价格，进而影响企业的治污与减排成本，进而通过"遵循成本效应"将这些高污染企业逐渐清除出市场，促进市场内企业优胜劣汰。同时，一些地方或一些部门采取命令控制型政策对企业进行减产和停产，依靠命令与控制政策和环境专项治理行动，整治过程存在要求企业直接关停，而不是采取加大污染治理等市场化手段，导致企业合法权益严重受损，且无合理的补偿机制，还有要求企业改用天然气，导致企业关门停业。

第二，环境规制会对与环境相关的技术创新带来正向影响。考虑企业可承受范围内的环境规制能够激励企业优化生产要素配置效率和提高技术水平，加大绿色生产技术的研发投入，而企业也可以通过技术研发创新，减少环境规制对生产成本的冲击。另外，远超企业承受范围的环境规制政策会助长企业无视治污投资的片面观念，使企业只重视短期末端治理技术，忽视长期技术选择，这类环境规制可能在短期内对减少中小企业污染物排放有立竿见影的效果，但从长期看会不利于引导中小企业提高治污能力，甚至造成环境规制低效率的困境。

第三，环境规制能够影响能源利用效率。从间接影响看，环境规制通过提高企业经营成本进而倒逼企业提高能源利用效率，环境规制强度提升引起企业治污设施的投资以及运行费增加，治污成本开支增加会一定程度地挤出生产性投资，从而限制企业产出水平提高。部分企业为了维持市场竞争优势而进行生产技术的更新换代，这有可能提升企业的投入产出比，而部分企业会因无法满足环境规制的要求而被市场淘汰，最终拥有更高的能源效率和污染治理水平的企业继续在市场上竞争。从直接影响看，企业形成环境规制不断加强的预期后，为了追求利润最大化会重新进行生产要素配置，调整企业能源消费结构以及改进能源利用技术，最终降低企业的长期能耗水平。

（3）治污减霾领域存在"政府失灵"和"市场失灵"，决定了"地方政府-公众"防控联动的必要性。地方政府的环境规制对公众行为作用路径，影响政策实施效果。

第一，公众环保意识的提高会促进政府环境规制的治理效果，政府通过教育方式有意识地培育公众的环保意识和民主参与理念，提高公众参与治污减霾的积极性，培育公众对环境偏好的表达，进而影响公众自身环保行为。公众是治污减霾不可缺少的重要力量，通过信访、投诉及网络媒介等方式直接向所在区域的地方政府或上级政府表达其对改善环境质量的诉求，公众的广泛参与和积极的监督对空气污染治理的责任主体及监管主体都能形成巨大压力。

第二，以公路为主的运输结构以及汽车保有量的快速增加，给治污减霾造成了巨大压力。关中城市群民用汽车消费量激增，在区域汽车保有量增加的同时汽车尾气排放量剧烈增长，道路交通机动车尾气排放是城市区域雾霾污染的重要来源，减少机动车的使用和购买能够在一定程度上改善空气污染的状况。根据车辆的新旧程度、使用年限、使用能源种类、车辆的排放量等因素，政策可以采用限行、限号等管制型工具来调节交通压力，制定汽车购置政策利用税费成本调节需求，引导居民出行时乘坐公共交通而非私家车出行，调整和优化交通运输结构。

第三，政府为公众提供环境物品。比如地方政府环保财政支出中也有用于养护绿地的资金，城市绿地有吸收雾霾的生态服务价值。政府对环境物品的供给总是存在过量与不足的情况，供给最大化取决于政府决策偏好以及财政能力等，地方政府对环境的偏好决定了公园、园林等设施的建设审批规划用地。

二、研究假设

基于以上思考，本章提出如下研究假设：

假设1：财政压力大小、产业结构差异以及环境规制强度水平等影响地方政府之间治污减霾政策的协同度。

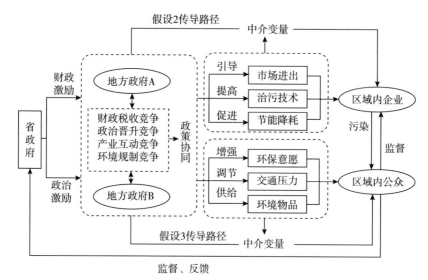

图 5-1　研究假设的概念框架

　　假设 2：“地方政府—企业”防控联动状态确立，关键是形成并维系企业在市场进出、治污技术、节能降耗三条环境规制中的传导路径。

　　假设 3：“地方政府—公众”防控联动状态确立，关键是形成并维系公众环保意愿、交通压力、环境物品三条环境规制传导路径。

第二节　模型设定与中介效应检验

一、模型设定

（一）基础模型设定

选取动态面板模型进行研究，建立基础计量模型如下：

$$policy_{it} = \beta_0 + \beta_1 FP_{it} + \beta_2 IS_{it} + \beta_3 ER_{it} + \beta_4 pgdp_{it} + \beta_5 PD_{it} + \beta_6 Mar_{it} +$$
$$\beta_7 tech_{it} + u_i + \varepsilon_{it} \tag{5-1}$$

　　其中，β_0 为常数项，β_{1-7} 表示各自变量系数，$u_i + \varepsilon_{it}$ 为复合扰动项。$policy_{it}$ 是被解释变量，表示第 t 年城市 i 治污减霾的政策协同度，FP_{it}、IS_{it} 和

ER_{it}是核心解释变量，分别表示第 t 年城市 i 的财政压力、产业结构和环境规制。$pgdp_{it}$、PD_{it}、Mar_{it} 和 $tech_{it}$ 是控制变量，分别表示第 t 年城市 i 的人均GDP、人口密度、市场化程度和科技水平。

（二）传导路径模型设定

除了直接研究政府治污减霾行为（环境规制）与治污减霾效果（PM2.5浓度）的关系外，本部分还将对二者间发挥效应的内在传导路径进一步进行剖析，即分别将企业行为与公众行为作为中介变量考虑，实证分析传导路径以及这些路径影响治污减霾效果的程度强弱。具体而言，考虑自变量 X 对 Y 的影响，如果 X 通过影响 M 来影响 Y，则称 M 为中介变量，当中介变量不止一个时，模型为多重中介模型。当多个变量在自变量和因变量之间起中介作用时，其作用方式既可能是同时性的，也可能是顺序性的，还有可能是两者的复合。传导路径的分析检验，即中介效应分析，指检验某一变量是否成为中介变量，发挥何种程度中介作用的重要步骤。假设所有变量都已经中心化，可以用下列方程来说明变量之间的关系（相应的传导路径如图 5-2 所示）。

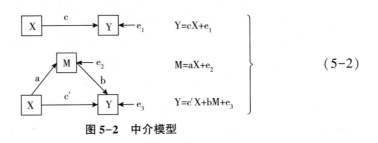

$$\left. \begin{array}{l} Y = cX + e_1 \\ M = aX + e_2 \\ Y = c'X + bM + e_3 \end{array} \right\} \qquad (5-2)$$

图 5-2　中介模型

本部分以关中城市群各城市年均 PM2.5 浓度为被解释变量，以政府的环境规制作为解释变量，来验证政府治理行为对治污减霾的直接效应，再分别加入中介变量，来探索中介变量下的间接效应，回归方程如下：

$$PM = \alpha_0 + \alpha_1 ER + \alpha_2 Control + \varepsilon \qquad (5-3)$$

式中，PM 表示 PM2.5 年均浓度，ER 表示环境规制水平，Control 在回归方程中为一系列控制变量。中介效应的检验，首先不加中介变量，核心解释变量对被解释变量具有显著解释，其次要符合核心解释变量对中介变量具有显著解释，最后纳入模型所有变量，继续符合中介变量对被解释变量具有显著影响，同时核心解释变量对被解释变量的系数改变或者系数显著性改变。通过模型（5-4）验证中介效应成立的第二个条件。

$$M = \alpha_0 + \beta_1 ER + \beta_2 Control + \varepsilon \tag{5-4}$$

式中，M 为中介变量，假设 2 的中介变量为市场进出、治污技术和节能降耗；假设 3 的中介变量为环保意愿、交通压力和环境物品，分别把中介变量纳入模型中，假如 β_1 系数显著，则验证出核心解释变量对中介变量有明显影响，因而符合中介效应的第二个前提条件，进一步采用模型（5-4）检验中介效应存在的第三个条件。

$$PM = \alpha_0 + \delta_1 ER + \delta_2 M + \delta_3 Control + \varepsilon \tag{5-5}$$

假设 δ_1 显著性降低或者未通过显著性检验，同时 δ_2 系数通过了显著性检验，则说明中介效应的第三个条件成立。

二、中介效应检验

本章采用了基于 Bootstrap 检验方法，其经常被用于参数估计不是正态分布，或者虽然是正态分布但其标准误差难以用公式简单计算的场合，Bootstrap 方法通过对一个固定的样本当作总体进行重复取样，使得样本中大量重复出现的潜在异质性为估计参数的置信区间提供验证基础，采用 Bootstrap 检验后参数样本量能够完全满足取样的异质性，即样本数据的非正态分布，用 Bootstrap 法对参数区间估计结果比其他检验方法更有效。Bootstrap 方法有多种取样方案，其中最简单有效的是从既定样本中不断取出并放回地重复取样以获取更多样本，即把原始样本当作 Bootstrap 检验的总体，随机从这个总体中反复不重复取样以作为原始样本的 Bootstrap 样本，与其他中介效应检验方法相比，Bootstrap 具有较高的统计效力。

第三节　变量说明与数据来源

一、变量说明

（一）基础模型的核心解释变量 policy，即政策协同度

治污减霾的政策协同度主要是基于政府出台的文件名称以及文本内容量化

统计，依据文件发文时间统计各城市当年正在执行的政策，进而测度该城市的政策协同度，政策协同度 policy 主要受两个因素的影响：涉及构建防控联动政策的文件数 A_i 和政策力度 B_i。将政策力度划分为 2 个等级，省级部门出台的通知、规定、办法、标准等政府规范性文件的政策力度赋值为 2；各市级部门出台的通知、规定、办法等政府规范性文件的政策力度赋值为 1，省级部门出台的规范性文件适用于关中城市群各市。城市群各市历年的政策协同度 policy 的计算公式为：

$$\text{policy} = \sum_i A_i \times B_i \tag{5-6}$$

借助《北京大学法宝数据库》，根据文件内容涉及防控联动政策的发文单位、接收单位，或是政策文件中涉及关中城市群空气污染协同治理的措施和目标，确定政策协同度测度目标的范围。关于政策工具的"协同程度"指标，本章采用基于对地方性规范文件、地方行工作文件中涉及的部门主体进行统计分析，如果文件中政策执行主体为多个且范围为：陕西省各厅部门、关中城市群各市政府、市级各部门等，则认为该发文存在政策协同。本研究测算治污减霾政策协同度所涉及的文件名称如附录 1 所示。

基础模型的解释变量分别是财政压力（FP）、产业结构（IS）和环境规制（ER）。财政压力采用一般公共预算支出与一般公共预算收入的差额占一般公共预算收入的比重来衡量，以表示地方政府财政收支不平衡的程度。财政压力与政策协同度的影响可分为两个方面：一是财政压力越大表明地方政府对中央政府转移支付依赖程度越大，对中央政府雾霾治理政策的回应度较好，提升了政策协同度；二是财政压力越小表明地方政府财政支出自主度越大，更能有效控制并减少污染，不倾向采取协同的雾霾治理政策。

产业结构采用第二产业生产总值占 GDP 比重衡量。产业结构与政策协同度的影响可分为两个方面：一是产业结构取值越高，工业占比越大的地区污染行业越集中，实施严格的治污减霾措施就会越谨慎；二是产业的绿色技术进步以及转型升级，需要地区间治理经验的相互学习和地区间部门工作协调，促使跨区域的雾霾治理合作。

环境规制选取目前尚不存在权威标准，本章采用环保财政支出占第二产业增加值比重衡量。环保财政支出大小反映了地方政府对环境外部性问题进行治理和纠正的努力程度，环保财政支出由地方政府对经济偏好和环境偏好共同决定。实际中，地方政府在促进经济快速增长与采取严格环境规制保护生态之间摇摆不定，治污减霾政策的协同倒逼地方政府提高环境规制力度，可能会使得当地的工业企业为了减少对环境保护的投入不得不选择外迁，使本地政府在竞争中落后，因此地方政府对达成政策协同的动力不足。

基础模型的控制变量是人均 GDP（pgdp）、人口密度（PD）、市场化程度（Mar）、科技水平（tech）。人均 GDP 表示各城市经济发达程度，由环境库兹涅茨曲线模型可知，经济发展阶段与环境污染程度呈倒 U 型关联，环境污染水平先随着经济快速发展而增加，经济进入发达阶段后污染水平开始下降。当人均 GDP 较低时，地方政府更易吸收发达地区淘汰的、污染严重的，但又可以提供大量产值的重工业，同时加大对本地自然资源的开发利用，环境污染的外部性显著进一步导致了环境区域协同治理困难。

人口密度采用常住人口数量/城区面积衡量，区域内人口密度越大，表明该区域内企业、住房、公共设施等聚集程度越高，环境污染的负外部性比较大，导致实现政策协同需要承担的成本越高。

市场化程度采用非国有从业人数/总从业人数衡量，一方面，市场化程度的提高能有效减少政府干预，促进要素自由流动，提高资源配置效率，刺激微观技术的改进，提高公众参与环境治理的积极性，市场化程度越高越有效推动环保产业发展，环境治理的市场化措施越高效；另一方面，市场化程度越高，政府的市场型政策工具或者自愿型政策工具等实施空间更大且效果更明显。

科技水平采用各市节能减排专利数表示。节能减排专利数往往与治污减霾的技术手段以及掌握治理方法的专业人员、科研团队等规模密切相关，节能减排专利数越多表明治污技术比较先进，越能解决雾霾污染的外部性问题。

（二）传导路径模型的被解释变量是 PM2.5 污染浓度

2012 年底我国部分城市开始将 PM2.5 纳入环境监测数据，考虑到国内 PM2.5 监测数据有限，本章所采用数据来源于哥伦比亚大学国际地球科学信息网络中心公布的 PM2.5 栅格数据。

传导路径模型的解释变量是环境规制（ER），采用环保财政支出占第二产业增加值比重衡量。传导路径模型中企业行为的中介变量有企业市场进出，采用规模以上工业企业数衡量；治污技术，考虑到实际情况的复杂性和多维性，企业的规模差异、所有制结构的差异、企业的污染密集程度差异乃至各自面临的形势差异，采用废气治理设施数衡量治污技术；节能降耗，采用单位 GDP 能耗表征。

传导路径模型中公众行为的中介变量有环保意识、交通压力和环境物品。

公众受教育程度越高其掌握环境知识越多，环境知识背景可加深对环境行为的正确了解，加深对环境问题的关注，对环境的意愿和责任感越强烈，越有可能参与到环境行为中去，因此，采用每万人在校大学生数表征环保意识强度；交通压力采用单位公路里程的私人汽车拥有量表示交通运输压力程度，以反映交通压力程度与环境空气质量的关系；环境物品采用人均公园绿地面积，用来考察地方政府供给的环境物品在多大程度上能改善城市的空气质量，人均公园绿地面积越大，城市的环境压力就越小，城市空气质量越好；人均绿地面积越小，城市的环境压力就越大，城市空气质量越差。

二、数据来源

本章利用 2007～2017 年关中城市群五个城市面板数据进行实证分析，解释变量和控制变量数据来源：《北京大学法宝数据库》、各政府官方网站、《陕西省统计年鉴》、《中国城市统计年鉴》等，所有变量的描述性统计结果如表 5-1 所示。

表 5-1　模型变量描述性统计

Variable	Mean	Sd	Min	Max
政策协同度	11.77778	6.356417	4	25
财政压力	2.391466	1.153677	0.4038209	4.831879
产业结构	0.536516	0.0926609	0.3475051	0.6522412
环境规制	0.0102905	0.0081763	0.0023258	0.0397582
人均 GDP	37458.56	15367.06	12041	78368
人口密度	424.4984	223.1677	205.2934	894.4103
市场化程度	0.449425	0.1354718	0.199803	0.624417
科技水平	28.46667	20.58971	0	83
环境规制（稳健性检验）	0.0026425	0.0020312	0.0005534	0.0070368
环境规制	0.0100703	0.0081567	0.0023258	0.0397582
PM2.5 浓度	49.39197	8.637512	32.129	71.083
市场进出	557.2333	327.3684	121	1434
治污技术	594.15	215.8668	105	1048
节能降耗	1.19265	0.7000144	0.394	3.429

续表

Variable	Mean	Sd	Min	Max
环保意愿	245.8396	305.6489	26.72	1040.82
交通压力	245.3463	218.8176	63.84	1059.959
环境物品	11.09033	2.828564	1.39	15.52

第四节　实证结果

一、"政府-政府"传导路径模型的结果分析

关于面板数据有三种回归模型：混合回归、固定效应回归、随机效应回归，所以回归结果应该在这三种模型中选择。在混合回归和固定效应回归中根据 F 检验-原假设进行选择，即混合回归优于固定效应回归。F 检验结果为 Prob>F 值 0.1445，即 P 值大于 0.05，故无法拒绝原假设，即接受原假设，认为混合回归优于固定效应回归。进一步在混合回归和随机效应回归中根据 LM 检验-原假设进行选择，LM 检验结果为 Prob>chibar2，即 P 值大于 0.05，故无法拒绝原假设，即接受原假设，认为混合回归优于随机效应回归。综上所述，本研究采用混合回归结果。

（一）回归结果

表 5-2　模型回归结果

Variable	Model
财政压力	2.4902 * (2.02)
产业结构	60.9113 ** (2.33)
环境规制	−77.1554 (−0.57)
经济发展水平	−0.0002 (1.29)
人口密度	−0.0342 ** (2.37)
市场化程度	30.8055 *** (3.17)

续表

Variable	Model
科技水平	0.1774 ** （-2.38）
cons	-55.1435 ** （-2.53）
Prob>F	0.0002
R-squared	0.5179

从模型结果可以看出：

（1）财政压力与政策协同度的回归系数为正值。从城市群整体看，2007~2017 年宝鸡、咸阳以及铜川的财政压力的平均值分别为 2.25、2.53 和 2.78；渭南的财政压力最大，其平均值为 3.47；西安的财政压力最小，其平均值为 0.49。

关中城市群各市财政压力差距较大，财政压力越大越制约环境治理的财政支出，导致各市环境治理支出严重"不均衡"且支出结构差异较大，一方面，表现为铜川、渭南等财政保障不足，投入治污减霾的监管力量、仪器设备有限，尤其是对产业绿色治理的补贴、污染企业关停并转后失业人员财政兜底等比较窘迫；另一方面，各市在财政压力和财政能力"不平衡"客观条件下，形成地方政府间财政合作的意愿较强，这为财政合作和政策协同提供了可能性，

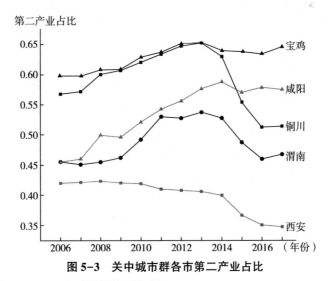

图 5-3　关中城市群各市第二产业占比

资料来源：2006~2017 年《陕西省统计年鉴》。

通过在区域整体上优化治污减霾财政资金的配置，缓解地方政府紧张的财政负担，配合发挥财政再分配功能，充分调动地方政府参与合作治理的积极性，实现利益共享，提升政策协同的执行力，保障防控联动的持续性。

（2）产业结构与政策协同度的回归系数为正值，即第二产业生产总值占GDP比重越大，政策协同度越高。结合实际，西安已经以第三产业为主，进入后工业化阶段并处于发展阶段的跃升及产业升级的关键时期，宝鸡为第二产业强支撑城市，咸阳的产业结构与宝鸡类似，铜川和渭南的第二产业占各自GDP总量的一半，铜川和宝鸡对自然资源的依赖性处于最高阶段。一方面，产业结构的相似意味着投入生产要素相近，市场的需求偏好同质，因此各市治污减霾目标制定和政策工具使用的"共容性"更多，有利于扩大绿色技术的适用场景，地方政府更容易学习吸收相邻城市的治理措施。同时，第二产业占比高且重工业比重大的城市，表明经济对高污染、高耗能资源的依赖越大，而这些城市往往又是雾霾污染严重区域，面临更严峻的治理挑战，对上级政府的环境治理政策执行更完全。另一方面，西安第二产业占比逐年下降，2017年第二产业占比仅为0.348，西安是关中城市群产业结构调整升级以及节能减排的"标杆"。其他城市增强与西安的经济联系，利用西安聚集的资金技术推动本市产业结构调整和规划布局，可以在跨区域产业链分工中探索潜在协同治污减霾的机会。

（3）环境规制与政策协同度的回归系数为负值。地方政府按环境质量、经济增长水平差异分为环境偏好型地方政府（经济增长水平高、环境质量提升空间大）和经济偏好型地方政府（经济增长水平低、环境质量高）。环境偏好型地方政府所在地区由于早期为实现经济增长牺牲了环境质量，中央政府对其绩效考核已将环境质量纳入晋升机制中，其对环境规制的态度为愿意减缓经济增长速度、加大环境规制力度，以实现本地区可持续性发展；经济偏好型地方政府所在地区一般大多为经济发展水平较低、基础设施落后的地区，其首要任务是经济和社会发展。地方政府为保护自身利益不受影响会通过各种方式影响治污减霾政策协同的制定和实施。

（4）经济发展水平与政策协同度的回归系数为负值。人均GDP反映经济实力相差大小，收入差距将降低合作成员的共同努力程度，同时，政策执行需要经济等资源的支撑，高收入者比低收入者更愿意提供公共品，而低收入者更倾向于"搭便车"。

（5）人口密度与政策协同度的回归系数为负值。表明人口密度越高的区域内企业、住房、公共设施等聚集程度越高，面临交通压力较大，治污减霾需要的监管人力、除污设施较大，防控联动中不容易达成一致行动。

（6）市场化程度与政策协同度的回归系数为正值。市场化程度提高以及市场机制体制健全，使经济型环境规制处理环境问题时效果更好。地方政府使用经济激励手段，通过市场信号，以低成本的监管方式改变排污者的排污行为，实现治污减霾政策工具的灵活设计。同时，高度市场化对技术创新扩散的持续激励。

（7）科技水平与政策协同度的回归系数为正值。节能减排专利数往往与雾霾治理的技术手段以及掌握治理方法的专业人员、科研团队等规模密切相关，科技水平越低，表明空气污染控制技术水平处于弱势地位，监测技术和设备缺失，这些导致地方政府间难以形成持续性协同关系。

（二）稳健性检验

为进一步验证模型的可靠性，采用废气治理设施运行费用/工业总产值来替代环保财政支出占第二产业增加值比重，对环境规制强度进行另一角度的测算，进行稳健性检验。

稳健性检验结果如表 5-3 所示，因为稳健性检验和回归结果中，产业结构、人口密度、市场化程度三个变量的系数相近，且都显著，故认为模型大体稳健。

表 5-3 模型稳健性检验结果

Variable	Model
财政压力	1. 5092（1. 22）
产业结构	67. 8330***（3. 00）
环境规制	1010. 487**（2. 10）
经济发展水平	-0. 0002（1. 46）
人口密度	-0. 0340**（2. 61）
市场化程度	27. 9707***（3. 04）
科技水平	0. 1134（-1. 62）
cons	-60. 5424***（-3. 12）
Prob>F	0. 0000
R-squared	0. 5655

（三）内生性检验

内生性检验指定各解释变量的一阶滞后项作为工具变量，本研究采用 Hausman 检验检验各个解释变量是否具有内生性，Hausman 检验的原假设为无内生性。

Hausman 检验结果如表 5-4 所示，各解释变量对应的 Prob>Chi2 的值分别为 0.6320、0.5417、0.6651，即各解释变量 Hausman 检验的 p 值均大于 0.05，故无法拒绝原假设，即接受原假设，认为各解释变量不存在内生性问题。

表 5-4　模型内生性检验结果

Variable	Chi2	Prob>Chi2
财政压力	4.33	0.6320
产业结构	4.05	0.5417
行政化环境规制	3.23	0.6651

（四）相关性分析

对模型的解释变量和被解释变量进行 Pearson 和 Spearman 相关性检验（见表 5-5、表 5-6）。

表 5-5　变量相关系数表（一）

Variable	政策协同度	财政压力	产业结构	环境规制
政策协同度	1	−0.1214	0.0888	0.1646
财政压力	0.0496	1	0.1198	0.1178
产业结构	0.0363	0.4198 ***	1	0.0520
环境规制	0.0836	0.3251 **	0.0139	1
经济发展水平	0.4760 ***	−0.5613 ***	−0.3422 **	0.0336
人口密度	−0.0562	−0.6674 ***	−0.8854 ***	−0.3028 **
市场化程度	0.6308 ***	−0.1188	−0.1037	0.2457
科技水平	0.2477	−0.4284 ***	−0.3804 ***	−0.3712 **

表 5-6　变量相关系数表（二）

Variable	经济发展水平	人口密度	市场化程度	科技水平
政策协同度	0.5498 ***	0.0724	0.6271 ***	0.2469
财政压力	−0.4905 ***	−0.3354 **	−0.1868	−0.4227 ***

续表

Variable	经济发展水平	人口密度	市场化程度	科技水平
产业结构	−0.0968	−0.8042 ***	−0.0266	−0.2990 **
行政化环境规制	0.0876	−0.2094	0.2527 *	−0.3073 **
经济发展水平	1	0.3300 **	0.7905 ***	0.6643 ***
人口密度	0.4859 ***	1	0.0887	0.5553 ***
市场化程度	0.7413 ***	0.1257	1	0.4610 ***
科技水平	0.7055 ***	0.6093 ***	0.4917 ***	1

相关系数的符号与预期一致，说明本研究解释变量的选取较为合理，模型回归结果较为可靠。

二、"政府-企业"传导路径模型的结果分析

(一) 中介效应分析结果

采用 Bootstrap 检验方法且以市场进出、治污技术以及节能降耗为中介变量检验其中介效应是否存在，检验结果如表 5-7 所示。

表 5-7 基于 Bootstrap 方法对企业市场进出间接路径的检验结果

	Observed Coef.	Bias	Bootstrap Std. Err	[95% Conf. Interval]	
bs_1	−68.3602	−4.1421	24.4679	−96.2039	−41.5803
				−96.2039	−41.5803
bs_2	−360.1001	32.4274	99.1378	−439.039	−216.5816
				−439.039	−216.5816
bs_3	38.4487	−11.7716	25.2246	5.0328	63.5387
				5.0328	63.5387
bs_4	−360.1001	74.9707	142.3755	−508.1504	−154.8474
				−508.1504	−206.1129
bs_5	−89.3776	−85.4507	83.4247	−305.955	−87.8424
				−183.7229	−87.8424
bs_6	−360.1001	50.6143	150.8029	−454.0468	−77.6310
				−454.0468	−77.6310

根据 bs_1 与 bs_2 检验结果可知，间接效应置信区间为［-96.2039，-41.5803］，不包含 0，即中介效应成立，且间接效应值为-68.3602，即通过企业进出市场路径，环境规制每上升一单位，PM2.5 浓度会下降 68.3602 单位，即治污减霾效果上升 68.3602 单位。直接效应值为-360.1001，即通过直接路径，环境规制每上升一单位，PM2.5 浓度会下降 360.1001 单位；根据 bs_3 与 bs_4 检验结果可知，间接效应置信区间为［5.0328，63.5387］，不包含 0，即中介效应成立，且间接效应值为 38.4487，即通过治污技术路径，环境规制每上升一个单位，PM2.5 浓度会上升 38.4487 单位，直接效应值为-360.1001，即通过直接路径，环境规制每上升一单位，PM2.5 浓度会下降 360.1001 单位；根据 bs_5 与 bs_6 检验结果可知，间接效应置信区间为［-305.955，-87.8424］，不包含 0，即中介效应成立，且间接效应值为-89.3776，即通过节能路径，环境规制每提高一单位，PM2.5 浓度会下降 89.3776 单位；直接效应值为-360.1001，即通过直接路径，环境规制每上升一单位，PM2.5 浓度会下降 360.1001 单位。具体分析如下：

目前发展阶段命令型环境规制是改善环境质量的重要手段，"关停并转"各种高能耗、高排放企业都能够对降低雾霾污染起到积极的作用。尤其新《环保法》实施后着重强调对环境产生污染的落后工艺、设备和产品实行淘汰与禁用等规定，企业受环境规制可能倾向于选择暂停部分产生污染的生产活动等，导致生产规模缩减。另外，环境规制强度越高，新企业进入的难度越大，政府为阻止环境恶化，对新企业的进入制定更高的标准，环境规制还可能影响中小企业的形成，对市场集中度存在正向促进作用，这些都会反映在规模以上工业企业数。

以治污技术的路径传导效果不佳。一方面表明，已有安装废气治理设施的末端治理手段可能无法满足进一步降低雾霾污染的要求。这可能与末端治理投资大，企业维持设施运转的负担重，以及现有除污技术有限性等因素有关。从短期看，受成本收益约束，企业存在把投资末端治理设施归入非生产性投资的片面认识，购置末端治理设施是被动应对环境规制；部分中小企业考虑自身生产规模和排污量大小，达不到使用末端治理设施的经济规模，不愿进行污染治理投资。同时，中小企业处于治理技术知识和信息的劣势，有效治理信息的匮乏阻碍了这些企业治理能力的提升。从长期看，末端治理投资的边际收益递减，治理设施运行费用的增加大于废气处理能力的提升，治污效果的潜在改进空间不断降低。另一方面表明，环境规制对企业治污技术的激励和促进作用不强，被规制企业有逃避甚至对抗环境规制的行为。从政府角度看，政府的环境治理投资有限，导致环境执法和监督检查的能力不足，同时，政策制定者与被规制着之间存在信息不对称，政府不能完全规制企业的排污行为；从被规制企业角度看，管制型政策通过对企业经济处罚或法律制约来确保实现治理目标，无法激励企业生产技术的进步，因此不会使企业生产成本降低。中小企业产品定价接近行业平均成本水平，支付治污成本高导致企业出现亏损。

　　环境规制可以通过促进能源效率的提高进而降低雾霾污染。环境规制通过产业行为来实现节能，当能源投入的增长低于产出的经济效益增长时产业的能源效率提升，产业结构调整伴随着各种经济要素的投入比例的再分配，不同产业利用能源的效率水平存在差异。具体而言，根据《2014年陕西省关中地区空气污染源清单》明确规定工业污染源的能源消费量来看，2011~2017年关中城市群各市的石油加工与炼焦、非金属矿物制品业等能源消费量在波动中下降，同时期各市化学原料及化学制品制造业的用能逐年增加。大部分节能降耗通过降低工业中高能源消耗行业比重，调整工业内部结构或者是产业结构，最终作用能源效率。2015~2017年陕西省以政府干预的方式直接给关中城市群各市分配煤炭削减指标，通过提高传统化石能源的使用成本来约束相关企业的煤炭消费比例，引导企业使用热值和排放都更有优势的能源，促进节能潜力提升，进而优化能源结构。

　　（二）传导路径贡献率分析

　　通过比较三条传导路径间接效应大小（见图5-4），分析各条传导路径的贡献率。

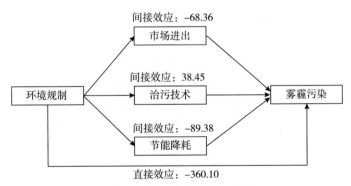

图5-4　传导路径贡献率分析

治污技术传导路径渠道的贡献效果欠佳，甚至会起到相反的作用。从对企业排放污染行为的影响看，企业面对政府制定的环境规制（减排要求），边际治理成本较低的企业选择接受减排要求，而边际减排成本较高的企业选择接受违法成本（经济罚款、关停整改）以对抗减排要求，但以上企业都不会主动实施超额减排；从对企业技术采纳行为的影响看，目前以管制型工具为主要的治污减霾政策体系可能阻碍了清洁生产、节能减排技术的应用，其一是因为采用新的治污技术会增加企业成本，采用新技术进行超额减排的部分不会带给企业任何收益，其二是由于采用新技术意味着政府会给企业更多的减排要求，企业为了逃避附加的治理责任，没有采纳新技术的动力。因此，治污技术传导路径渠道的贡献效果欠佳，亟须重视各种环境规制工具的优化组合效应。

从市场进出传导路径和节能降耗传导路径比较看，环境规制通过节能降耗传导路径实现治污减霾，仍有较大传导空间。具体来看，提升节能降耗传导路径的贡献率要兼顾地区差异。渭南、铜川等能源富集区在能源供给成本和使用成本上具有比较优势，依靠能源驱动型经济发展阶段，但在能源效率提升方面缺乏关注，高耗能产业集聚且能源利用量较大，导致相对于西安、宝鸡及咸阳的能源利用效率偏低。应当将治污减霾规制的目标调整到产业结构升级和生产性技术创新上来，一方面，依靠产业链进行结构调整，提高经济要素在各生产环节的耦合利用，增加在清洁生产技术的科研投入，提高清洁能源的利用技术和使用规模；另一方面，纠正高耗能项目用地以及税费扭曲问题，尤其能源效率较低的城市要根据不同行业调整工业用地出让价，抑制高耗能、高污染项目过度扩张。

（三）相关性分析

对模型的解释变量和被解释变量进行 Pearson 和 Spearman 相关性检验，如表 5-8 所示。

表 5-8　相关性分析结果

变量	雾霾污染	环境规制	市场进出	治污技术	节能降耗
雾霾污染	1	−0.3910 ***	0.0700	0.1037	0.2631 **
环境规制	−0.3493 ***	1	−0.3740 ***	−0.4172 ***	0.1134
市场进出	0.0373	−0.4372 ***	1	0.6187 ***	−0.8601 ***
治污技术	0.0850	−0.4953 ***	0.6538 ***	1	−0.4416 ***
节能降耗	0.3778 ***	0.1491	−0.6564 ***	−0.3094 **	1

相关系数的符号与预期一致，说明本研究变量的选取较为合理，中介效应分析结果较为可靠。

三、"政府-公众"传导路径模型的结果分析

(一) 中介效应分析结果

采用 Bootstrap 检验方法且以环保意愿、交通压力以及人均公园绿地面积为中介变量，检验结果如表 5-9 所示。

表 5-9　基于 Bootstrap 方法对环保意愿间接路径的检验结果

	Observed Coef.	Bias	Bootstrap Std. Err	[95% Conf. Interval]	
bs_1	−4.3465	−8.1902	12.8168	−33.8176	−1.7380
				−33.8176	−1.7380
bs_2	−387.9744	39.4751	72.4678	−407.8624	−252.3539
				−407.8624	−252.3539
bs_3	−14.5547	−40.6228	42.8322	−155.1327	−4.1204
				−78.6713	−4.1204
bs_4	−387.9744	−21.0012	47.8948	−479.4705	−349.9046
				−479.4705	−349.9046
bs_5	43.9575	9.7501	14.2995	35.8868	71.6328
				35.8868	71.6328
bs_6	−387.9744	−13.5921	120.3557	−497.9695	−209.3988
				−497.9695	−209.3988

根据 bs_1 与 bs_2 的检验结果可知，间接效应置信区间为 [−33.8176，−1.7380]，不包含 0，即中介效应成立，且间接效应值为−4.3465，即通过居民环保意愿路径，环境规制每上升一单位，PM2.5 浓度会下降 4.3465 单位，即治污减霾效果上升 4.3465 单位。直接效应值为−387.9744，即通过直接路径，环境规制每上升一单位，PM2.5 浓度会下降 387.9744 单位，即治污减霾效果上升 387.9744 单位；根据 bs_3 与 bs_4 检验结果可知，间接效应置信区间为 [−155.1327，−4.1204]，不包含 0，即中介效应成立，且间接效应值为−14.5547，即通过交通压力路径，环境规制每上升一单位，PM2.5 浓度会下

降 14.5547 单位，直接效应值为-387.9744，即通过直接路径，环境规制每上升一单位，PM2.5 浓度会下降 387.9744 单位；根据 bs_5 与 bs_6 的检验结果可知，间接效应置信区间为 [35.8868，71.6328]，不包含 0，即中介效应成立，且间接效应值为 43.9575，即通过人均公园绿地面积路径，环境规制每上升一单位，PM2.5 浓度会上升 43.9575 单位，即治污减霾效果下降 43.9575 单位，直接效应值为-387.9744，即通过直接路径，环境规制每上升一单位，PM2.5 浓度会下降 387.9744 单位，即治污减霾效果上升 387.9744 单位。具体分析如下：

自 2013 年中央政府开始重视全国范围内的雾霾治理以来，关中城市群成为雾霾污染防治重点监控区域，城市群五市也逐渐开始重视当地环境规制问题。

如表 5-10 所示，2013~2018 年陕西省社会公众进行环保咨询、投诉案件数量呈现逐年增加的态势，其中 2017~2018 年的咨询与投诉案件数量增长 52%，而陕西省生态环境厅对于公众的咨询、投诉进行回应，办结率始终保持在 99% 以上。公众环保意愿推动了地方政府采取更多措施改善城市环境质量，激励地方政府增加环境污染治理新增投资、颁布更多环保法规等，还有公众环境投诉、信访能为监管者提供有效信息并降低监管成本。另外，环保意愿的增强改变了消费者的消费观念、消费行为和消费习惯等，在消费环节直接或间接地减少不必要的能源消耗，但是，环保意愿的路径的间接效率仅为-4.35%，公众的环保意愿可能没有达到"倒逼减排"的目的。

表 5-10　2013~2018 年陕西省环保咨询、投诉与办结案件数量

年份	公众咨询与投诉案件数量	办结案件数量	办结率
2013	22202	22202	100%
2014	23758	23755	99.9%
2015	23113	23098	99.9%
2016	25332	25332	100%
2017	26738	26738	100%
2018	40598	40192	99%

资料来源：2013~2017 年陕西省生态环境厅官网。

交通压力的传导路径效应较小。表明限行或限购的规制方式缓解雾霾污染

的程度有限，政府与公众防控联动要考虑机动车限行的政策方案引起的社会反响，政府在试图将机动车限行的应急措施常态化时必须考虑公众的意愿，要从引导和激励出行方式调节交通压力，一方面，提高燃油品质等级减少尾气排放，出台新能源汽车购置优惠政策；另一方面，大力发展城际交通，尤其西安提高居民使用地铁出行比例，改革轨道交通的融资模式，推动了交通运输结构变化。

　　以环境物品为间接路径的传导效果不佳。城市人口增加速度远远高于环境物品的供给水平，以城市绿地为例，财政治理资金依靠城市园林绿化的投入，有效净化空气中 PM2.5 颗粒，但城市绿化规划用地面积严重不足。可能的解释是，环境规制虽然要求人均公园绿地面积需要达到一定的标准，但城市非农业人口的增加速度高于城市公共绿地面积的增长速度。另外，由于土地开发用途决定了土地的价值，土地建设住宅的经济收益高于城市绿化的社会收益，增加城市绿地等环境物品供给对政府财政收入有较大影响，因此，实际的人均公园绿地面积在环境规制的要求下依然处于下降趋势，故导致治污减霾的效果不理想。

（二）传导路径贡献率分析

　　通过比较三条传导路径间接效应大小，分析各条传导路径的贡献率，如图 5-5 所示。

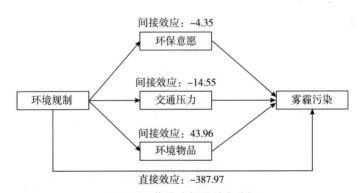

图 5-5　传导路径贡献率分析

　　从三条传导路径的整体看，关中城市群对"政府-企业"间治污减霾的传导路径的必要性并未引起足够的重视，公众对治污减霾的助力作用极其有限。从间接效应看，三条路径的贡献率由大到小依次为交通压力、环保意愿和环境物品。环保意愿路径效应与自愿型政策工具，如信息公开等政策工具力度有关，目前地方政府主要采取信息发布、环保宣传和污染预警等方式，对公众、环保组织等社会力量的激励和引导不足。即使公众的环保意愿不断提高，但由于缺乏表达环境需求的反馈渠道，不了解政府部门进行环境治理的运作方式，最终造成环境问题单纯依靠政府部门治理的现象。同时，环保组织为公众提供的环保知识和环境诉讼的支持不够，在一定程度上限制了自愿型工具的政策效应，造成社会对环境问题监督不够的局面。交通压力路径效应与管制型政策工具，如机动车限行规定、禁令等，以及市场型政策工具如机动车限购、新能源汽车补贴等政策工具强度有关。但是短期推行的机动车限行政策的治理效果可能被车主的规避行为抵消，长期应该从增加轨道交通设施供给来缓解雾霾污染。

（三）相关性分析

如表 5-11 所示，分别进行了 Pearson 相关检验和 Spearman 相关检验，表格中对角线以下为 Pearson 相关系数，对角线以上为 Spearman 相关系数，相关系数的符号与预期一致，说明本研究控制变量的选取较为合理。

表 5-11　相关性分析结果

Variable	雾霾污染	环境规制	环保意愿	交通压力	人均公园绿地面积
雾霾污染	1	-0.3910***	0.0153	0.2772**	-0.2682**
环境规制	-0.3493***	1	-0.2598**	-0.1174	-0.0447
环保意愿	0.1054	-0.2622**	1	0.1932	0.1741
交通压力	0.3626***	-0.0349	-0.0723	1	0.4580***
人均公园绿地面积	-0.3056**	-0.0797	-0.0621	0.2973**	1

第五节　治污减霾防控联动机制的构建

基于实证结果，本章认为关中城市群治污减霾防控联动机制是政府、企业和公众共同作用的过程，该过程强调主体多元化和政策工具的复合性，防控联动机制是多层次和长期性的。关中城市群治污减霾防控联动机制应通过完善主体多层次性并调整互动方式，进而影响权利、利益结构，优化治理资源配置。通过管制型规制和市场型规制的有机结合，降低防控联动的管理投入和信息成本，提高治污减霾政策工具的实施效果。关中城市群治污减霾防控联动机制如图 5-6 所示。

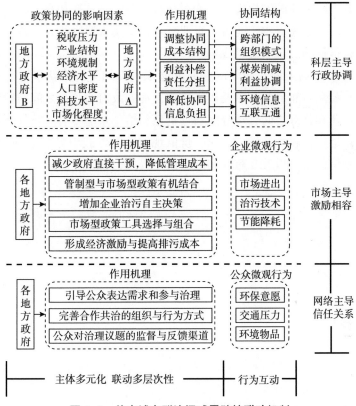

图 5-6　关中城市群治污减霾防控联动机制

具体而言：

（1）地方政府之间防控联动是科层制主导下跨部门的组织模式选择和利益协调的结果，地方政府之间交易成本决定了组织模式，利益协调是基于地方政府的经济效益与环境效益的偏好、产业结构、财政能力等因素的安排，要以最小的信息负担实现对共同环境目标的管理。

（2）地方政府与企业之间防控联动必须处理好政府环境管理职能和市场配置环境资源职能之间的关系。在以政府行政管制为主的情况下，政府短期性、碎片化的执法和监管行为严重干扰了企业污染治理的预期，不能激励企业主动实施节能减排。同时，政府管制型政策阻碍了清洁生产、节能减排技术的应用。防控联动机制要求转变政府在治污减霾中的职能，政府要逐步减少直接干预企业决策的行为，通过市场型规制来约束和管理企业排污行为，给企业更多在选择治理措施方面的主动性，改变企业在污染治理方面的职责来激发企业自发寻找节能减排措施的积极性。治污减霾政策工具选择和组合的依据是能否降低政府部门的管理成本，能否与企业减排行为实现激励相容，政策工具的实施不会引起过量的资金或信息成本。

（3）在"市场失灵"和"政府失灵"双重作用下，重新审视治污减霾中地方政府与公众之间的关系以及权利结构，地方政府与公众之间防控联动要实现政府、企业和公众之间合理分配治理责任，给公众更多表达空气环境质量需求的机会，运用行政、经济、法律、价值观塑造等方式引导公众的治理行为，与公众建立信任关系以及互惠互利的合作格局。

第六章 关中城市群治污减霾防控联动机制的实施路径

关中城市群治污减霾防控联动机制的实施路径是实现城市群雾霾污染协同治理的重要抓手，也是本章的最终落脚点。因此，本章基于前文研究结果，构建关中城市群治污减霾防控联动机制的实施路径。

第一节 地方政府之间防控联动的实施路径

地方政府之间防控联动的路径在于依靠有效的制度安排和设计，既要发挥地方政府的积极性，又要保障各市在政策目标上的一致性。通过具有激励相容或约束功能的规制，避免各市在治污减霾中"搭便车"行为和防控联动的"囚徒困境"，注重地方政府之间利益关系的协调，促进地方政府之间相互协作。

一、跨部门协同的组织模式

跨部门协同中的"部门"，是科层制下政府行政组织的基本单位，"跨部门"是指超越部门的组织边界和管辖范围，如跨越生态环境厅、财政厅等部门的边界，"跨部门"还涉及不同层级地方政府的边界。"跨部门协同"即政府内部各种职能部门之间或职能部门与地方政府之间，针对跨部门的共同事务及政策议题，跨越各自的管理边界，创建一种纵向和横向协作、沟通合作的集体互动。

（一）跨部门协同行为的交易属性分析

实现跨部门协同的过程是降低协同主体之间交易成本的过程，协同即协调合作，其过程伴随着交易成本，交易成本越大，协同行为越不容易达成，区域合作需要降低交易成本造成的"摩擦"。从交易成本的组成划分看，主要包含信息收集成本、谈判讨价还价成本、履约成本以及政策实施成本。根据政府间防控联动包括哪些参与者、需要解决什么样的问题，协同可分为四种特征：互补型协同、共建型协同、分配型协同和补偿型协同。

表 6-1　协同特征及内容

协同特征	目标及内容
互补型	产业转移、转型升级；节能减排技术研发；工业园区环保改造；项目投融资等
共建型	清洁能源市场一体化；府际交通运输体系；排污权交易市场；环境标准等
分配型	煤炭削减量；淘汰"两高"行业产能；企业错峰生产；PM2.5 指标等
补偿型	生态补偿；区域用地功能补偿；财政专项资金等

（1）互补型协同指地方政府间通过利益交换而实现双方利益增加，区域内具有共同利益的潜在合作者直接判断谁是最合适的合作者，比通过上级政府的行政命令实现协同的方式更为经济、信息成本更低。潜在合作者以利益交换达成协同目标，执行过程的可置信高，协同参与方可能因为外界环境变换产生违约行为的风险更低。互补型协同的决策成本也比较低。

（2）共建型协同，地方政府为了提高城市群内要素配置效率或向上级政府协调政策资源而达成的协同行为，面临的主要挑战是"囚徒困境"和"搭便车"，信息成本包括信息不完全和信息不对称。

（3）分配型协同涉及地方政府间分配环境资源使用权和污染治理责任分担等问题，分配型协同的谈判成本较高，即使地方政府的代理人拥有了充足信息，为了达成成本或利益分配需要付出成本，由于地方政府的经济政治地位不同，谈判存在优势方或劣势方，进行反复磋商讨论所耗费的时间、物质及机会成本较大，监督成本较大。以各市煤炭削减量分配为例，虽然西安能源消费量居关中城市群之首，但其单位 GDP 能耗（吨标准煤/万元）和单位工业增加值能耗（吨标准煤/万元），远远低于铜川和渭南。

（4）补偿型协同，即由正的或负的外部性引起地方政府间的矛盾和纠纷，通过补偿使外部性内部化。以地方政府财政支付生态补偿资金为例，2006～

2017 年，西安财政收入与其他四市（宝鸡、咸阳、铜川及渭南）财政收入总和，由 1.8 倍扩大到 2.6 倍；西安的财政支出大约是其他四市支出的总和，西安的财政能力明显大于其他四市；宝鸡、咸阳及渭南的财政收入水平相当，铜川财政收入最少。即渭南或咸阳的雾霾污染扩散至西安，渭南或咸阳的财政能力很难给西安支付生态补偿。

　　不同协同类型及区域差异特征面临着不同程度的交易成本，要根据协同的特征类型及其交易成本大小，有效协调不同层级地方政府，以及政府各个部门之间关系的各种组织机构、制度及其运行方式，合理设计纵向协同或横向协同的时机、程度和方式，将纵向协同与横向协同有机结合来降低关中城市群政府间联动的交易成本。

　　协同性质决定了零风险状态下交易成本的高低，而协同风险决定了交易成本的陡增缓慢程度，参与协同主体的经济水平、地方政府政治地位、财政自主权等决定了交易成本曲线的移动。假定将政府间跨部门协同机制分为两种，如图 6-1 所示。

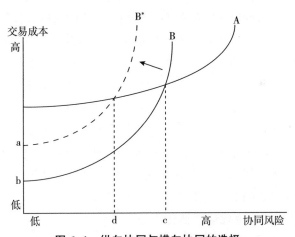

图 6-1　纵向协同与横向协同的选择

　　纵向协同（A 协同）和横向协同（B 协同）。在零风险情况下，横向协同的交易成本（b）比纵向协同的交易成本（a）更低，但随着协同风险变大，横向协同的交易成本迅速攀升，当协同风险超过 c 点位置，横向协同会比纵向协同拥有更高的交易成本。而对于同是横向协同来说，当区域差异变大以及地方政府自主权变小时，交易成本会相应提高到 B*。

从政府间跨部门协同机制自身设计角度看，当是互补型协同和共建型协同，应充分发挥横向协同的作用，推动纵向放权。如图6-1所示，当协同风险小于c时，横向协同（B协同）的交易成本小于纵向协同（A协同），最优选择为横向协同。当协同风险较高时，应该相应提高纵向协同的程度，如分配型和补偿型协同在共同利益分配、协议执行、履约监督等方面存在高出其他协同类型的风险。在京津冀、长三角等地区治污减霾中发现，同样是联席会议，在长三角等地区取得较大成功，在京津冀地区的运作效果却不太显著，即横向协同方式适合在互补型和共建型目标及内容上采用，面临分配型和补偿型目标时，协同的效应形式却十分困难。因为随着协同风险增加，横向协同的交易成本攀升速度超过纵向协同。如图6-1所示，在协同风险较小的情况下，横向协同（B协同）的交易成本小于纵向协同（A协同），但当协同风险大于c时，横向协同（B协同）的交易成本大于纵向协同（A协同），表明纵向协同机制应成为此时政府间协同的优化选择。当区域差异特征明显，导致横向协同（B协同）交易成本提高，曲线向上方移动到B*，当协同风险仅仅达到d位置时，横向协同（B协同）的交易成本马上会超过纵向协同（A协同）。

关中城市群政府间跨部门的纵向协同和横向协同机制选择及结合的思路如下：互补型协同、共建型协同面临的风险主要是利益沟通与协调，协同风险较低，适宜采用联席会议等横向协同机制，不需要省政府协调各地方政府之间的协同行为，潜在行动者（地方政府）可以自行评估协同过程的成本收益水平，纵向政府不宜过度介入、节约行政资源，上级政府可以通过战略规划、项目评估等方式协助地方政府形成一致的协同愿景，推动各方的积极参与。分配型协同、补偿型协同，由于地方政府间存在冲突型利益，以及利益核算过程复杂，机会主义问题突出，依靠横向协同机制无法解决政府间协同的困境。在较高的协同风险下，纵向协同的交易成本小于横向协同。

（二）依托科层制度优化"协作小组"

陕西省铁腕治霾工作组存在一些不足。首先，该工作组构造简单，工作组下设办公室，并委托两个办公室承担区域治污减霾防控联动的具体联络协调工作，该办公室级别较低，权威性不足，不利于关中城市群治污减霾防控联动工作的整体实施。其次，该工作组职责范围并未细致划分，由于专业性不强和分工不明确，导致防控联动政策与实际各市治理工作的衔接性不强，存在政策失灵的风险。最后，小组成员多兼职承担防控联动的工作，工作组结构设置非正规，行政级别没有明确的法律规定，部署工作依靠会议形式，会议制定的政策效力不强，这样的组织结构特征就是各个独立、具有职务权威的领导们组合搭配，以实现职务权威为依托的副职分工协作，仅仅属于相互协作层面。

（1）协作小组只起到提供平台作用，实际权力有限，要将职务权威为依托的联动转变为以组织权威为依托的联动。以领导职务权威为依托的联动，容易受领导的个人社会关系、私底交往程度等影响，这类联动组织的行政能力很容易随着领导的调动而发生改变。因此，要去除领导个人权威，注重形成组织权威，在优化"协作小组"过程中明确职责分工、管理体制和运作方式，进一步将联动制度规范化。

（2）陕西省铁腕治霾工作组属于议事协调机构，其由临时性议事协调机构转变为常设型议事协调机构必须在科层制基础上坚持分工和专业化。依托科层制度进行专业化分工，首先是政府事权划分，将某一特定决策议题和相应资源在某一特定部门集中，专业化、持续化地进行政策制定和完善，能够提高政策质量和降低完善政策的投入成本，尽可能使某一项事权完全整体性归属于某一部门主体，发挥该部门在供给某些决策的统筹能力优势、信息资源优势，使不同部门专注于各类工作事务。优化"协作小组"的思路为，将领导小组的组织形式发展成高规格的议事协调机构，确立管理机构的独立性和权威性，以降低地方或部门利益对整体区域治污减霾的掣肘。地方政府需要移交一部分环境管理执法权给该协调机构，此时不同地方政府变为合作关系并产生"共容性"执法权，防控联动政策则由该机构制定和实施，地方政府之间的行动冲突，不同地区的诉求也可以直接向该机构反馈。陕西省政府综合考虑各地方政府的污染治理需求，基于城市群整体空气污染情况和治理资源进行顶层设计，以治污减霾协调机构为组织载体发挥统筹协调、资源分配、利益仲裁等作用，为地方政府治污减霾政策协同实施提供依据，省级层面从立法上赋予治污减霾协调机构的人事权、财政权、处罚权。

推动高规格的议事协调组织的建设，构建由联合规划部门、专家咨询部门、协调沟通部门、监督保障部门、应急指挥部门等组成的联动领导组织。联合规划部门负责关中城市群空气质量具体规划细节的设计，落实关中城市群在空气质量标准、排放标准等相关标准的协同；专家咨询部门是建立一个磋商或讨论的部门，吸纳各级政府、大学、私人部门或者社会组织及个体专家等各方参与平台，污染源解析，为环境决策、环境法规和规划的制定提供专业咨询；协调沟通部门负责关中城市群治污减霾领导小组成员单位的联络协调工作，负责各项协调沟通会议的安排，以及推动各层次联席会议的磋商。如图 6-2 所示。

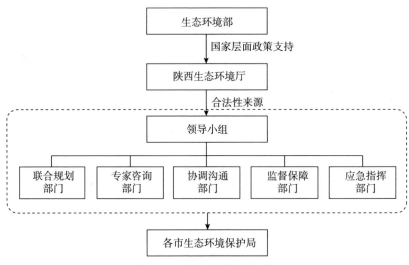

图 6-2　治污减霾协调机构

协调机构根据区域治污减霾效率和各市治理责任分担原则，统筹考虑城市群整体空气环境承载力、城市群经济发展和产业分工、区域能源结构等，统一决策指为关中城市群治污减霾设定共同目标，并实施统一跟踪评估，在法规上采用相同的治污标杆，提出统一的项目落地门槛，编制契合关中城市群空气污染源特征的治理技术名录。统一管理是依托城市群空气质量监测网络，衡量各市空气质量改善程度，组织跨区域执法检查，协调地方政府及时解决问题，通过定期会商的方式推动地方政府间的相互监督，减少各市之间信息不对称，制定联席会议的组织结构。统一监测和预警是建立城市群重污染预警响应程序，协同地方政府加强对工业污染源监测，提高各监测点技术能力。从城市群整体效率出发，提高治理设施共享程度，尤其是治理技术科研中心的合作利用，建立完善的财政分配和生态补偿机制，针对各市空气治理财政能力不均等的现状，由协调机构通过财政转移支付、治污技术援助等方式来进行平衡。

（三）以"联席会议"为载体的横向协同

关中城市群各地方政府间存在协同级别和协同内容的差异，因此，横向协同需要在严格界定参与协同的部门层级，区分横向协同层次。联席会议的召集人与相关成员单位是平级部门之间的关系，参会主体达成共识的方式是通过对议题目标进行多边性磋商达到认同，从而达成一致的意向和采取统一的行动。

（1）多层次联席会议。联席会议的协商形式和议题等根据当前防控联动目标达成进展与需要解决问题而确立，各级政府及相关部门可以采取不同类型的联席会议，联席会议的运作主要指联席会议的组成与召集、会议程序等整个会议运作的过程。关中城市群区域联席会议、跨行政区域联席会议、同一行政区域内各部门联席会议等应该围绕以下几个方面开展：参会主体由各级政府机关及其工作人员代表进行参与，尤其是保证参会主体的职权与联席会议议题有直接联系；根据不同层次联席会议的类型确定时间与期限，采取定期性和临时性相结合的召开形式；会议地点在承办方所在地轮流召开，或者采取视频会议形式异地召开，会议议题提前通知与会部门准备，会议的作用包括统筹公共政策、制定发展规划、汇报政策执行与落实情况，部署下一阶段的合作方向，讨论、审议和决定重要的协议文件。如图6-3所示。

参与等级　　　　　　　议题领域　　　　　　　网络规模

省厅级职能部门：部门派领导或负责人参与	顶层设计：政策与措施、治污减霾防控联动系统、公共政策	关中城市群区域联席会议双边、多边	省级跨部门
行政首脑级：市长参与市级职能部门：市级相关职能部门领导参与	制定发展规划、签署协议、专题合作、联动政策配套、共同面临问题商解、经验交流	跨行政区域联席会议双边、多边	同级跨行政区
市级职能部门：部门派代表参与	政策执行与落实、执法协商、职责协调、问题研讨	同一行政区域内各部门联席会议双边、多边	同级跨部门

图6-3　多层次联席会议

（2）由对话式合作向契约式合作发展。目前关中城市群治污减霾在横向联动方面初步构建了联席会议，以推动各项工作任务的落实，但一年中召开次数较少，合作较为松散，合作不确定性较大，协商性有余而约束性不足，对话式合作在解决临时性合作问题时较为有效。

在契约式合作中，签署协议传递了参与合作的行政主体达成一致且有约束的共同行为，行政协议的签署是长期制度化合作的开始，具有持续性和稳定性。联席会议成果形式，要从以前非正式成果形式（比如包含"（实施）意见""提案""方案""计划"等主体名称的文件形式）向比较正式的成果形式（比如包含"地方区际协议""合作框架协议"等的规范性文件）进行转换。

二、煤炭削减的利益协调

区域空气环境资源的公共产品特征、污染治理的外部性，要求地方政府担负财政投入在环保中的重要职责，但地方政府间财政压力差异大，因此，政府间治污减霾联动作用不能仅仅依赖于增加地方政府的财政支出，而需要实现地方政府间财政合作，要创新财政政策工具，尤其发挥横向财政转移支付作用，弥补和缩小地方政府间财政能力差距。探索建立煤炭削减的利益补偿机制，依据各市煤炭削减量完成情况给予不同金额的资金补偿，实现财政资金分配与煤炭削减量的激励相容。

（一）煤炭削减的制约因素

（1）煤炭削减与经济发展的"两难选择"。关中城市群将削减煤炭消费量作为重点，计划将非化石能源消费比重提高10%，煤炭消费比重降低70%，明确规定西安、咸阳不再对火电厂、热电厂项目进行审批，关中城市群停止建设石油化工、煤化工园区，关闭劣质煤销售渠道，分阶段关停排放不达标的火电机组。加大金融政策和资金支持促进能源行业的技术升级。地方政府在经济增长与煤炭削减之间存在着"两难抉择"，尤其渭南、铜川和咸阳抉择压力更大，随着燃煤压减工作逐步推进，淘汰、关停高污染高耗能企业涉及的利益群体越来越多，各市政府必须考虑民生、社会稳定和经济发展的问题；同时，由于天然气、电力的使用成本比煤炭高出很多，"煤改气"或"煤改电"导致各市的能源密集型企业成本上升，短期企业效益下降进而拖累各市经济增速，因此各市"减煤换煤"的主动性不强，如果地方政府更多地考虑经济增长，那么必然没有足够的动力去实施能源消费管控政策。

（2）"政治动员式"的煤炭削减路径。目前地方政府的煤炭削减任务属于自上而下的指标发包式途径，这就要求地方政府在政治压力下统一认识、签订任务书、逐级落实，这种政治动员式煤炭削减方案难免会产生一系列问题，西安、宝鸡和咸阳等能源利用效率高，排放同样单位污染物的经济产出较高，但这些地区能源节能潜力较小，如果各市按照相同的煤炭削减量，对西安、宝鸡等经济损失较大，获得的环境效用增长程度无法弥补社会经济损失。铜川、渭南等经济欠发达地区能源利用效率低，经济增长依赖的能源投入较多，按照"相对"比例分配煤炭削减量，这些城市承担的削减绝对数量更多一些，然而这些城市难以保障经济发展与煤炭削减量兼顾。由于产业结构单一且以重工业为主，煤炭削减直接影响当地的工业增加值，在一定程度上会出现节能政策失灵现象，扭曲了区域内资源配置机制，降低了地方政府的煤炭削减绩效。

（3）成本收益"模糊化"。在跨区域雾霾治理的正负外部性以及地方政府间竞争下，存在"正"外部性不愿分享利益、"负"外部性不愿承担责任的困境。现有治污减霾防控联动更多关注的是区域产业规划框架、协同监测执法等方面，但对城市群空气治理的财政资源分配、资金用途、使用效率及方式却没有深入探索，尤其缺乏对地方政府之间煤炭削减成本收益的差异性分析，在补偿内容、补偿标准、补偿对象、补偿实施等方面的制度不完善。

（二）煤炭削减的分配

关中城市群的能源消费结构长期以煤炭为主，煤炭消费总量保持不断增长，年均增速达 6.1%，陕西省发展改革委对关中地区煤炭消费总量进行了总量控制，由于各市的能源消费弹性不同，能源利用效率存在差异，所以各市对控煤政策响应差别大，重视程度不同，对压减煤炭比例存在异议。区域煤炭削减量分配要实现最优配置，关键在于建立地方政府间合理稳定的节能成本分担和利益分配机制。第一，从实际生产的角度，明确现阶段关中城市群各市煤炭削减潜力有多大，之间存在多大差距；第二，在关中城市群能源消费总量满足环境质量改善要求下，通过设定合理的补偿标准实现各市煤炭削减责任在地理区间上的转移。

本章在 DEA 模型基础上将经济发展潜在节能空间考虑进去，构建了资本、能源和劳动为投入指标，以 GDP 为产出指标，并控制各项投入要素最少量条件下，经济产出最大为目标的多目标数学规划分配模型。构建投入导向的节能潜力模型如图 6-4 所示。

图中，SS′为单位化的等产量曲线，投入要素包括资本、劳动力和能源，B点为有效率点，A 为非经济有效生产单元，A′为技术有效，B 为经济有效。那么，A 点存在较大的效率损失，意味着需要消耗更多的能源。从 A 到 A′可以达到技术的前沿，但 B 点为生产的帕累托最优点，由 A′到 B 点是由于配置效率造成的浪费。如果以 B 点作为最有效率点，A 点的能源投入无效损失包括两部分：一部分是由于技术无效率而导致的所有投入资源过量 AA′，其中能源要

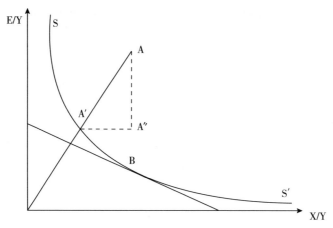

图6-4 基于投入导向的节能潜力模型

素过度投入量为 AA″；另一部分是由于配置不恰当所导致的松弛量 A′B，参照
B 点的能源消耗，AA″+A″B 即为节能的潜力。以资本、劳动和能源作为投入
要素，以各城市 GDP 作为产出要素，利用 DEA 模型计算各市煤炭压减潜力，
实现关中城市群煤炭总量控制目标以及各市能源配额。如表6-2 所示。

表6-2 基于全要素投入角度节能煤炭潜力分析

指标	类别	具体指标	指标说明
投入指标	资本	亿元	借鉴向娟提出的"永续存盘法"估计关中城市群各城市的资本存量作为资本投入变量，计算公式为：$K_t = K_{t-1}(1-\delta) + I'_t$，其中 I'_t 是根据三年建设周期以及固定资产投资价格指数计算的 t 年投资，δ 是固定资产投资率
	劳动	万人	使用地区就业人数，计算公式为：$N_t = (N_t + N_{t-1})/2$，反映一个时段劳动力变化
	能源	吨标准煤	使用能源消费量作为投入指标
产出指标	GDP	亿元	统计指标

利用投入导向的 DEA 模型，得出了各市节能效率和煤炭削减潜力，由于
资本、劳动和能源等要素的配置、技术水平和监管水平等因素的差异，各市节
能效率和节能潜力不同。如表6-3 所示。

表 6-3 2006~2017 年关中城市群各市节能效率测算结果

城市 \ 年份	2006	2007	2008	2009	2010	2011	2012	2013	2014	2015	2016	2017
西安	0.580	0.655	0.769	0.854	1.033	0.811	0.856	0.892	1.051	0.803	0.852	0.916
宝鸡	0.870	0.855	1.030	0.968	1.022	1.005	1.035	1.027	1.002	0.843	0.906	1.052
咸阳	0.645	0.710	0.874	0.845	1.012	0.893	0.935	0.999	1.030	0.786	0.827	0.840
铜川	0.577	0.625	0.751	0.825	1.007	0.838	1.005	1.001	0.735	0.550	0.522	0.547
渭南	1.011	1.001	1.021	0.766	0.800	0.821	0.746	0.728	0.703	0.566	0.554	0.569

　　效率大于 1 的研究对象组成了前沿面，而效率值小于 1 的研究对象意味着存在能源损失，即存在改进空间。从节能效率来看，节能效率比较高的城市为西安、宝鸡，而铜川、咸阳的节能效率较低，表明后者在经济生产中有部分能源被"浪费"掉了。由于节能效率存在阶段性特征，关中城市群各市能源节能潜力不宜采用"齐步走"衡量标准，可以设计差别化的能源节能政策，各市承担的节能责任应该有所差别。

　　虽然 DEA 模型中处在前沿面上城市的节能潜力为零，但这并不意味着其不存在能源节能空间，而相对于处在非前沿面上的城市，前沿面上城市在既定要素配置能力下，无法在保持产出水平不变而降低能源要素的投入。根据计算结果，将松弛值为负的目标，即存在煤炭节能潜力和节能规模的城市，整理出数据如表 6-4 所示。

表 6-4 关中城市群各市节能潜力

period	DMU	Score	Slack Movement （能源/万吨标准煤）	Projection （能源/万吨标准煤）
2006	宝鸡	0.870	-81.44	498.47
2007	宝鸡	0.855	-129.78	420.71
2009	宝鸡	0.968	-24.33	467.29
2015	宝鸡	0.843	-220.31	746.8
2016	宝鸡	0.906	-86.23	837.97
2006	铜川	0.577	-96.52	55.99
2007	铜川	0.625	-80.41	64.49
2008	铜川	0.751	-46.89	90.83

续表

period	DMU	Score	Slack Movement (能源/万吨标准煤)	Projection (能源/万吨标准煤)
2009	铜川	0.825	−23.82	105.35
2011	铜川	0.838	−139.39	162.11
2014	铜川	0.735	−99.41	157.6
2015	铜川	0.550	−292.61	148.78
2016	铜川	0.522	−272.94	150.94
2017	铜川	0.547	−284.68	168.77
2009	渭南	0.766	−479.17	493.5
2010	渭南	0.800	−416.70	510.10
2011	渭南	0.821	−630.86	599.32
2012	渭南	0.746	−621.94	564.16
2013	渭南	0.728	−500.97	640.25
2014	渭南	0.703	−500.02	591.51
2015	渭南	0.566	−1178.12	691.86
2016	渭南	0.554	−1079.83	721.05
2017	渭南	0.569	−1249.23	685.77
2006	西安	0.580	−551.42	745.43
2007	西安	0.655	−450.60	771.36
2008	西安	0.769	−116.15	1025.65
2011	西安	0.811	−194.38	1604.76
2013	西安	0.892	−6.72	1665.99
2016	西安	0.852	−160.41	2125.26
2006	咸阳	0.645	−305.51	269.70
2007	咸阳	0.710	−229.12	317.55
2008	咸阳	0.874	−70.02	449.40
2009	咸阳	0.845	−66.52	427.82
2011	咸阳	0.893	−124.24	660.21
2012	咸阳	0.935	−73.16	683.83
2015	咸阳	0.786	−319.79	894.46
2016	咸阳	0.827	−179.98	993.36
2017	咸阳	0.840	−44.30	960.34

从相对削减比例看，2006～2017年，西安能源年均节能潜力为77.4万吨标准煤，宝鸡为45.2万吨标准煤，咸阳为118万吨标准煤，铜川为111万吨标准煤，渭南为556万吨标准煤。能源节能潜力比较大的城市依次为渭南、咸阳和铜川，从能源节能潜力变化趋势看，铜川、渭南的节能潜力逐年增大，各市煤炭削减比例差异较大，可能由技术水平、管理水平、能源利用效率和产业结构等因素决定。

能源消费方面，2006～2017年，渭南煤炭消费量仅次于西安，但同时期渭南单位GDP能耗值大约是西安的两倍，渭南存在过度依赖煤炭消费的问题，渭南是煤炭生产基地，靠近煤炭生产地布局的高耗能、高污染的资源密集型产业，如采矿业、化学原料及化学制品制造业、非金属矿物制品业以及电力热力生产等；西安、宝鸡等更多是资本密集型产业，比如机械制造、设备制造、医药制造等通过提高纯技术进步实现清洁生产，进而完成节能减排的目标。同时，西安、宝鸡的煤炭削减潜力较小，但面临着边际节能减排成本高的现状。因此，节能指标的分配需要进行差异化、动态化调控，发挥各城市异质性产业进行技术选择后形成的节能减排"比较优势"。西安、宝鸡、咸阳等可以借助市场向渭南、铜川购买煤炭消费配额，对与渭南、铜川承担额外的煤炭消费削减责任，进行资金补偿。

(三) 节能成本补偿设计

从效率的角度来说，由于各市节能成本、节能潜力存在差异，当节能目标较高时，最优配置的结果通常不是平均分配节能任务，而是让节能潜力更大的地区承担节能任务。关中城市群各城市均负有等比例控制能源消费的责任，在渭南、铜川和咸阳节能潜力远大于西安、宝鸡的情况下，以财政合作方式鼓励节能成本高、污染排放的经济效益高、节能空间不足的西安、宝鸡，通过向渭南、铜川和咸阳支付一定的资金换取西安、宝鸡承担较少的煤炭削减指标，渭南、铜川和咸阳根据自身潜在节能空间，适度"出让"超额的削减量，从而以更经济的方式完成整个城市群的煤炭削减目标。

（1）依据各市节能潜力的大小将关中城市群节能总体目标各市之间进行分解。考虑各市发展阶段、产业结构特征、国家功能定位、技术管理水平和节能潜力大小等方面因素，将关中城市群煤炭削减总目标在五个城市间进行分配，给节能潜力较大的城市分配较多的节能目标以充分发掘该地区的节能潜力。具体公式如下：

$$ER_i = ET \times \frac{EP}{\sum_{i=1}^{5} EP_i} \tag{6-1}$$

式中，ER_i 表示第 i 个城市应当承担的节能责任；ET 表示节能的总体目标；EP_i 表示第 i 个城市的节能潜力值。

（2）经济补偿。能源效率高的地区通过给予能源效率低的地区经济补偿，减轻煤炭削减的部分压力，能源效率高的地区支付资金给能源效率低的地区，既挖掘了高耗能地区潜在的节能空间，又使资金和技术流入污染严重、治污技术落后的地区，从整个城市群的角度看，节约了强制性煤炭削减的行政成本，改善了整个城市群的能源消费状况，实现了经济发达地区与经济欠发达地区环境效用都为正的"双赢"。具体而言，通过"受益者"支付的形式将各市的节能任务与节能成本进行分离，节能潜力小的城市，如西安、宝鸡通过补偿节能潜力大的城市，如铜川、渭南和咸阳，兼顾了总体削减目标的实现和各市削减程度的灵活性，从成本补偿方案的结果来看，成本补偿最终都流入了渭南、铜川和咸阳。西安、宝鸡借此减轻了本地区煤炭削减对经济产出的影响，渭南、铜川和咸阳则可借流入的资金扶持本地区企业清洁生产技术的研发，加强了与西安的技术交流，提升能源效率。

（3）节能专项资金为受益者补偿。建立关中城市群节能专项资金，当作区域间利益补偿的备选方案或者补充计划。使用节能专项资金过程中，要充分考虑节能贡献和节能意向，资金的筹集要体现不同城市财政能力的差异，发挥专项资金对各市经济的激励作用。按照区域之间的"受益者支付/补偿"原则，在关中城市群煤炭削减总目标之下设置各市的煤炭削减量，设置削减完成比例和专项资金划拨额度之间的对应等级，认证和验收各市节能完成率后，对各市给予相应的资金奖励。

（4）重视各市之间节能技术的交流。渭南、铜川等之所以有较大的节能空间，是因为生产技术水平与其他市存在差距，西安可能更"擅长"通过技术进步提高能源利用效率完成，因此，估算由于西安节能减排技术对渭南的溢出效应带来的经济和环境收益，实现西安与渭南形成技术优势与节能空间的互补，加强两个市之间的技术交流和共同研发，鼓励渭南市引进先进能源管理模式。

三、环境信息的互通

环境信息是政府部门在环境执法以及环境监督的过程中掌握的数据资源，其包括环境经济数据和政府对治理的信息回应。治污减霾中政策制定与执行都依赖于环境信息，环境信息的互通有利于克服现有联动手段造成的沟通偏差和政策失误。

（一）信息互通与治污减霾的关系

（1）环境信息沟通和共享机制通过降低边际执法成本进而降低有效率的污染水平。执法成本变化对有效率的污染水平的影响，信息沟通和共享机制解决地方政府间防控联动成本高昂困境。边际损害成本指在特定时间下，边际损害成本显示排放或环境浓度的单位变化引起的损害成本变化，边际治理成本是实现污染排放水平降低一个单位所增加的治理成本。图 6-5 中，MD 是边际损害成本曲线、MAC 是边际治理成本曲线。

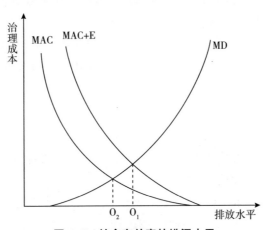

图 6-5　社会有效率的排污水平

MAC 的位置由执行任何特定任务时遇到的成本水平取决于执行该任务的技术以及应用于工作的管理技能，如果使用了错误的技术或使用了不正确的技术，则很可能会花费很高的治理成本。换句话说，图示的边际治理成本函数应理解为实现污染治理的最低成本。有效率的污染水平是将有效率的污染水平定义为边际损害等于边际治理成本的水平，这是图 6-5 中的排放水平 O_2。执行成本大部分是与执行过程的各个监管方面有关的公共成本。图中增加了执行成本，在正常的边际治理成本函数中已添加了执行的边际成本，从而给出了标记为 MAC + E 的总边际成本函数。两条边际成本曲线之间的垂直距离等于边际执行成本。绘制在图中的假设是，边际执行成本（使单位减少排放所需的额外执行成本）随着排放量的减少而增加。这表明拥有良好的执法技术至关重要，因为较低的边际执法成本会使 MAC + E 更加接近 MAC，从而降低了有效率的污染水平。实际上，执法中的技术变化对排放的有效水平具有与污染治理技术变化完全相同的效果。

（2）环境信息沟通和共享机制能减少信息不对称，对各市治污减霾有"倒逼效应"。环境信息的资源是防控联动的基础性资源，通过对各市有限信息的统一整合来有效挖掘和提高环境信息的利用价值，保障防控联动的参与主体之间治理行为的协调和透明，也彰显地方政府防控联动中的彼此信任和理念意识。信息沟通和共享机制使得地方政府相互了解对方的信息，更能构建起彼此互动的协作关系，通过信息沟通和共享机制地方政府实现相互了解，互通有无，优势互补，这种作用又反过来促进各政府加强环境治理。

（二）环境信息互通特征剖析

（1）环境信息互通的相关主体。信息互通在政府的主导协调下，相关主体也包括排污企业、公众、社会组织、专业环保机构等。如图6-6所示。

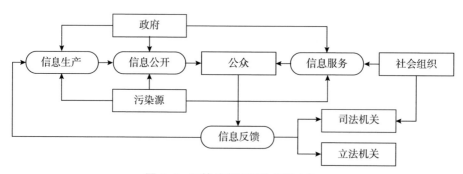

图 6-6　环境信息互通的相关主体

对环境信息进行收集、整合和公布是政府监管环境的合法程序，公开环境信息也属于政府进行公共管理的范畴，而且环境信息互通具有正外部性，存在市场失灵，政府应成为环境信息互通的主导者；公众开始关注生活环境的空气质量，对公开环境信息的诉求高涨，并需要根据环境信息来采取保护措施，因此公众是环境信息互通的支持者；企业是重要参与者，其有义务向政府提供自身环境信息，企业的排污以及投资信息是政府部门需要得到的信息；社会组织是重要的相关者，社会组织对环境信息进行分析判断，为决策者提供政策研判，为企业提供行业动态分析。环境信息互通也是对信息流优化的过程，与各个城市属地的、单向局部的信息公开相比，信息互通是主体间互动、信息网络传递的关系，信息互通强调信息流全过程管理，跨越政府内部及政府与其他组织之间的鸿沟，做到信息、资源共享，实现协同。

（2）信息互通的成本与收益。信息互通包括环境监测、环境监理、信访信息、控制效果、宣传政策、经济决策等方面。环境监测数据涉及企业环境信誉等级评定的标准，是最基础的数据，环保局是否愿意信息互通受成本和收益的影响，各市的信息收集、存储、整理、传送、设备运行和维护都有费用成本。部门收益通过环境信息由政府单一提供向信息服务业转变中得到补偿，对于政府投入资源获取的信息数据，规定无偿使用的类型，对可以商业化的部分环境数据，规定有偿使用的价格。鼓励非政府部门通过市场机制获取环境信息，允许环境信息运营公司对数据所有权产生经济收益。政府部门与市场主体可以合作，对各自拥有的数据进行市场化和股份化，市场主体根据市场化运作的方式对政府部门进行补偿。

（三）信息互通设计

（1）梳理信息互通的数据类型和需求。从数据获取的空间范围看，包括区域、城市、行业和局部数据；从数据业务类型看，包括空气质量监测点位布设位置及监测区域，每个监测点的气象监测参数、监测频率、运营情况；从数据的获取渠道看，包括城市空气监测点数据、移动监测平台、交通监控点、工业园区监控网络、建筑工地监控点等；从数据加工程度看，包括原始数据、已加工数据、数据包等。根据数据类型实行分类管理，设置公共数据、有偿使用数据和保密性数据，搭建管理信息系统，统一规划布局关中城市群的空气环境治理质量监测网络，除了五个城市已建成监测点位外，在关中城市群空气污染物传输通道上新增空气监测点，为研究关中城市群区域污染成因与污染输送规律提供技术支持。为实现精细化环境管理提供技术支撑，全面梳理关中城市群空气环境监测技术规范，针对监测网络布设、监测仪器选型、监测数据采集与传输、监测结果评价等各个环节，进行各监测技术规范的修订或制定工作。对环境问题识别和分析的引致环境信息的需求，定位信息互通的需求，逐步提高互通程度，挖掘信息互通所需基础业务，根据关中城市群空气质量监测体系现状，建立跨区域治理反馈数据支撑体系，为政府、企业以及社会组织体系参与治理提供信息支持和数据服务。

（2）整合城市群地方政府环保部门信息接口、环境管理部门网站模块，以提高信息的可得性，保持信息互通的渠道畅通，通过在政府间建立统一信息共享的技术标准，确保府际间、部门间的信息统计口径一致。针对数据的时效性，要统一监测频率和监测指标，列出监测目标清单。在数据格式和监测统一的基础上，将各市环保部门的监测数据定期传送至管理信息系统，管理平台接收数据后进行数据把控、深加工、整合和归类。同时，加强政府与企业的数据联通，激发企业公开数据的参与热情。

（3）环境信息的服务应用。一方面，构建决策支持系统，主要是将决策支持系统引入关中城市群治污减霾工作，量化改善各个城市空气质量的管理需求，实现定量化与可视化综合决策。在日常空气环境质量监测过程中，环境监测部门依托环境质量实时监测网络与大数据平台，及时发现环境质量异常情况，并将异常信息及时反馈给执法部门，执法部门应及时开展现场环境执法，查处环境违法行为，消除污染影响。对已经发生或预测发生跨区域污染扩散，采取及时预警和启动应急方案。另一方面，提供信息公开与评价服务。把监测的数据开放给社会，增加公众知情权，在现有全国及关中城市群五市空气质量信息发布系统基础上，构建关中城市群统一的环境信息发布与共享平台，进一步加强信息公开和监测数据共享。根据关中城市群在空气质量监测与评价、预警预报、空气污染防治研究等方面的数据需求，针对社会公众、环保部门、其他政府部门、科研机构等不同用户群体，明确共享数据的尺度、类型、格式等，形成标准化的数据库，尽快出台数据共享与服务的制度规定，明确数据涉密边界，规定数据服务商和使用者的权利和义务，对社会开放共享环境监测数据，在生态环保部门、高校科研院所、公众与社会组织间形成高效共享格局，最大限度地发挥数据价值。根据国家《环境空气质量标准》，结合关中城市群雾霾污染成因及特点，统一规范关中城市群空气质量标准评价的范围、评价时段、评价项目、评价方法等内容，保证各个城市空气质量评价结果的统一性和可比性。最后，利用网络平台和通信技术手段，定期在线总结和协调各市治污减霾工作进展，丰富信息交流形式，组织治污减霾成效论坛、专题研讨会，针对污染治理问题进行防治经验、管理创新等方面的探讨。如图6-7所示。

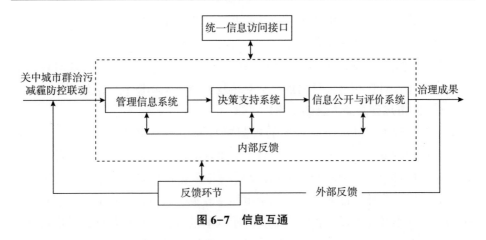

图 6-7 信息互通

第二节 地方政府与企业之间防控联动的实施路径

地方政府是空气治理事务的代理人，企业是地方政府环境规制的对象，也是治污减霾的直接责任主体。地方政府制定的环境规制和企业对政策的响应行为，直接关系到治污减霾的效果，而地方政府与企业防控联动的实质是治理政策下双方利益行为博弈的过程，构建双方防控联动路径在于促进地方政府与企业的良性互动。

一、市场型政策的组合运用

政府的行政性手段如强制关停企业等，虽然可以在短期内降低污染性行业的产出以完成上级的"治理指标"，但无法持续、有效引导环境治理资源的整合、配置。因此，必须引入市场型政策工具。管制型政策工具存在局限性，其没有使企业产生超量减排的动力，也阻碍了节能减排技术、清洁生产技术的应用。一方面，因为企业超量减排或者采用新技术都意味着成本的增加，企业超量减排的付出得不到收益回报；另一方面，企业不愿采用新的治污技术，治污能力不强的企业反而容易逃避更多的治理压力。在以管制型政策工具为主的体系下，政府与被规制企业之间是"命令-服从""指标-遵循""违规-惩罚"

的关系，政府短期性、碎片化的执法和监管行为严重干扰了企业污染治理的预期，不能激励企业主动实施节能减排。部分管制型工具如"错峰生产""限期关停"等使用是污染排放到空气后"事后控制"的举措，无法实现对排污成本的内部化，对管制型工具的依赖会对市场型政策工具造成挤出效应。

（一）市场型政策工具的体系

市场型政策工具对企业排污的规制更多源于激发企业的"谋利"动机，由于市场型政策工具为企业提供了自主决策污染治理的选择，使污染的外部性在企业"内部化"，因此具有实现减排要求与企业收益的激励相容以及利用市场机制实现内化外部性的特点。使用市场型政策工具可以尽量减少政府对企业排污行为的不必要干预，将政府必要的干预制度转化为市场规则，政府根据治理重点选择和组合相应的市场型政策工具。如图 6-8 所示。

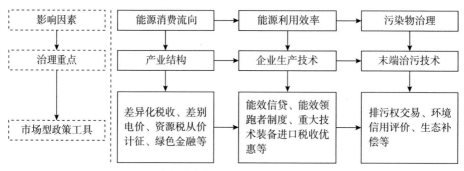

图 6-8　地方政府与企业间市场型政策工具体系

具体而言，关中城市群产业结构中高污染行业和低污染行业的比重决定着空气污染源的流向，同时，治污减霾与企业的生产技术与能源利用效率存在直接关联，因此，工业空气污染的治理方向分别为产业结构调整、企业能效升级及企业末端排放治理。在产业结构调整方面，采用差异化管理、资源税从价计征、发展绿色金融等方法；在企业能效升级方面，采用发放能效信贷以及推行能效领跑者制度等方法；在末端排放治理方面，采用征收环境保护税，建立排污权交易市场，开展企业环境信用评价等方法。

（二）关中城市群不同类型城市对市场型政策工具的组合选择

根据各市产业发展情景，并基于各市经济增长方式的特征，提出适宜的市场型政策组合选择。渭南产业结构不合理，轻重工业比例失调，高耗能、资源型工业比重过大，如能源化工、冶金等，铜川属于矿业型城市，煤炭、水泥及电解铝等是主导产业。渭南、铜川等资源依赖型发展城市在政策选择时，应侧重鼓励环境友好型、科技创新型产业的发展，促进原有传统落后产业的技术升级改造及发展转型。上游产业结构层面，从价计征资源税，对税率水平进行合理设计，通过调节级差收入，实现资源的有效配置，由于下游产业对资源的依赖程度不尽相同，资源税从价计征能够有针对性地对资源依赖度高的企业产生影响，达到调整产业结构的目的。同时，对使用可再生能源进行发电的企业进行增值税优惠，在保障社会用电安全的前提下实现能源供应行业的清洁化改造；中游能效优化层面，通过优化设计，更新用能设备和系统，加强能源回收利用等方式提高能源利用率，降低能源消耗的改造项目提供信贷融资支持，帮助企业更好地完成升级转型。同时，推广和优化能效领跑者制度，树立标杆，鼓励企业向行业标杆看齐，从而提高整个行业的能效水平。下游排污治理层面，依法征收环境保护税，对企业排污进行管理。实施排污权交易，充分发挥市场的作用，在满足区域环境目标的前提下，各排污企业可通过排污权交易互相调剂排污量，达到以最少成本减少区域排污总量的目的。西安、宝鸡、咸阳等已形成较为成熟的产业发展路径，其行业技术水平在关中城市群范围内较高，由过去依赖传统要素向技术进步、人力资本等创新要素升级，通过人才及其他创新驱动要素的改善推动经济发展。推行企业环保信用奖惩机制，借助环保制度法规的集成平台对企业的环境行为进行管理和约束，并通过对全社会进行信息公开共享，促使企业向环境友好型发展。

二、税费政策抑制煤炭过度消费

大幅降低常规煤炭的消费水平和其占一次能源消费的比重，形成控制煤炭消费的长效机制，仅仅依靠行政性规制手段是不够的，必须引入财税类等工具政策。煤炭资源税、环境税等对提高能源利用效率、节能减排和治污减霾等都有积极的意义，在煤炭价格与行业能源消费以及能源效率的关联视角下，煤炭资源税、环境税等能有效发挥对企业治污减霾的有效引导和激励作用。

（一）煤炭价格与高耗能行业煤炭消费量的关联测量

上游煤炭价格上涨，通过上下游产业之间生产要素成本的价格传导，进而会增加企业的生产成本，特别是生产要素中煤炭比重较大的行业。本章使用灰色关联度分析煤炭价格与高耗能行业煤炭消费量的关联程度，关联系数 $\xi_i(x)$ 计算公式，其中 ζ 分辨系数且一般取值为 0.5，关联度 r_i 公式如下：

$$\xi_i(x) = \frac{\min\limits_{i}\min\limits_{j}|X_{0j} - X_{ij}| + \zeta\max\limits_{i}\max\limits_{j}|X_{0j} - X_{ij}|}{|X_{0j} - X_{ij}| + \zeta\max\limits_{i}\max\limits_{j}|X_{0j} - X_{ij}|}$$ (6-2)

$$r_i = \frac{1}{N}\sum_{x=1}^{N}\xi_i(x)$$

式中，X_0 表示参考样本；X_{0j} 为参考样本的第 j 个指标；X_i 为比较样本；X_{ij} 为比较样本的第 j 个指标；r_i 表示关联度；N 表示样本中指标个数。

本部分选取 2011~2017 年的煤炭年均价格，采矿业、化学原料及化学制品制造行业、石油加工与焦炭行业、非金属矿物制品业、塑料制品行业、电力和热力生产行业六个关中城市群重点耗能行业的煤炭消费量，关中城市群五市总共的节能减排专利数，以及各市烟（粉）尘排放强度、二氧化硫排放强度、单位 GDP 能耗等数据。

表 6-5　煤炭价格与高耗能行业煤炭消费量的关联度结果

	西安	宝鸡	咸阳	铜川	渭南
采矿行业	0.8536	0.7906	0.8082	0.9415	0.8737
化学原料及制品制造行业	0.8811	0.7906	0.5273	0.6506	0.5947
石油加工与焦炭行业	0.8724	—	0.7593	0.9520	0.7961
非金属矿物制品行业	0.9588	0.8818	0.8802	0.9659	0.8117
塑料制品行业	0.9509	0.9140	0.8008	0.8558	0.7136
电力和热力生产行业	0.7942	0.7987	0.8676	0.9776	0.8609

表 6-5 的关联度结果表明，生产技术差异是造成不同行业对煤炭成本变化反应不同的根本原因，总体来看，煤炭价格波动将直接导致采矿业、石油加工、电力和热力生产行业等主要耗煤行业煤炭消费量的变化。

表 6-6　煤炭价格与排放强度及单位 GDP 能耗的关联度结果

关联度	西安	宝鸡	咸阳	铜川	渭南
烟（粉）尘排放强度	0.5172	0.6831	0.6722	0.6179	0.5275
二氧化硫排放强度	0.7346	0.7084	0.7669	0.7076	0.5852
单位 GDP 能耗	0.7228	0.7328	0.7228	0.6599	0.6864

表 6-6 的关联度结果表明，煤炭作为陕西的基础性能源，其价格是提高

能源效率，降低二氧化硫、烟（粉）尘排放强度的关键因素，灵活调整煤炭价格政策可以影响治污减霾目标的执行，使煤炭能源尽可能地获得充分合理的利用将是关中城市群长期治污减霾努力的方向。

（二）煤炭价格对节能减排的影响

（1）"煤炭价格—能源消费结构—节能减排"。从能源消费规模的角度，能源价格提高时会削弱对能源的消费，从而降低能源消耗量；从能源消费结构看，煤炭价格的上升会引起不同能源间比价关系的变化，鼓励能源消费主体寻求开发利用清洁能源等其他能源。

（2）"煤炭价格—能源效率—节能减排"。单位能源消耗所带来的经济效益越高，等产出水平的能源消耗越小，越有利于节能减排。能源效率提升途径分为要素配置路径和技术进步路径。

（3）"煤炭价格—产业结构—节能减排"。煤炭相对价格上涨会鼓励煤炭投入较少的行业的生产活动，而抑制煤炭投入较多的行业的生产活动，从而引发经济结构的调整优化。

（三）利用税费政策抑制煤炭的过度消费

通过税费政策对能源资源定价，改变被扭曲的市场信号，降低能源使用过程中的污染排放，同时激励有利于能源效率提升和能源清洁化的市场行为。2006~2014年，陕西煤炭资源税征收一直是每吨3.2元，2014年开始陕西煤炭资源税实行从价计征模式税率为6%。陕西煤炭开采费用征收类型，包括森林植被恢复费、生态补偿基金、排污费、水土保持补偿费、水资源费等，政府通过税收，如提高煤炭资源税、提高对燃煤污染排放的收费、提高煤炭开采费用等，进而提高煤炭的价格，抑制煤炭的过度消费，调节企业用能结构，引导企业将资源从常规煤炭的生产和使用，转移到清洁能源的生产和使用。

适时提高排污权税率，调整二氧化硫、氮氧化物等污染气体的收费标准，抑制过量污染气体排放，并分行业分地区制定不同的排污标准和税收标准。针对污染气体排放标准高于国家标准的企业应当予以减税、免税或补贴，以激励其继续保持污染气体低排放。对于排污不合格、不达标的企业，应加大处罚力度，以刺激其升级、改进设备。政府可以根据二氧化硫的排放量或根据产生二氧化硫燃料中的含硫量进行征税，前者称为直接环境税，后者称为间接环境税。直接二氧化硫税的课征，对生产者产生较强的刺激信号，即只要二氧化硫排放量增加，税负就会增加。而对消费者来说，对生产企业的课税会使货物价格上涨，如对电厂课征二氧化硫税会使电价上升，这样就使需求下降，消费者会选择替代品，如用煤气、太阳能等代替电力。这两种影响都会促使生产者采取措施，企业可能通过采取污染控制措施，如安装脱硫装置减少二氧化硫的排放量。另外，企业还可能会降低产量，将其降低到社会所要求的最优产量，从而减少二氧化硫排放量。

三、构建排污权交易市场

空气作为环境要素虽然不是企业直接投入的生产要素，但容纳了企业排放的污染物，间接为生产活动提供服务，因此，空气环境容量可以作为经济活动的资源。同时，空气容纳污染物的能力是有限的，从环境经济学角度看，空气环境容量资源具有使用价值和稀缺性。构建排污权交易市场是对空气环境容量的管理，界定空气环境容量的稀缺性，以容量资源的有效利用为管理目标，对容量资源的权利进行配置。

（一）排污权交易的作用机制

本章在前文中分析了污染物有效排放水平，其取决于治污减霾边际治理成本和污染边际损害成本，空气环境容量的有效利用水平可以用污染物有效排放水平表示，通过对空气环境容量的产权界定，将容量资源的费用效益纳入企业的经营决策。创建排污权交易市场需要为空气环境容量资源明确私有产权，即排污权代表容量资源的产权，建立产权在市场流通的规则，空气环境容量资源的使用者（排污企业）为了获得容量资源的价值进行市场交易，资源的供需关系产生了价格，价格进一步引导空气环境容量资源流向产生更高经济效益的使用者，最终实现了资源的最优配置。因为排污权属于企业所有，企业必会追求排污权价值的最大化，决策出最有效的方式使用排污权。

图 6-9 为排污权交易的作用机制示意图，其中，纵坐标代表排污权交易价格，即企业每单位污染的边际治理成本；横坐标代表企业的污染物减排量。MC_1 代表 A 企业的边际减排成本；MC_2 代表 B 企业的边际减排成本。

（二）排污权交易的基本特征

（1）排污权交易是以产权制度为基础，以市场作为运行机制。将空气环境容量纳入市场交易体系，形成环境物品的市场，依靠市场的供求关系来决定环境物品的配置。改变了政府通过管制或税费管制环境的单一方式，在以政府的管制型政策工具体系下，企业必须按照既定的技术、手段进行污染治理，企业对环境治理的投资不足且投资决策效率低下。在排污权交易市场，企业可以

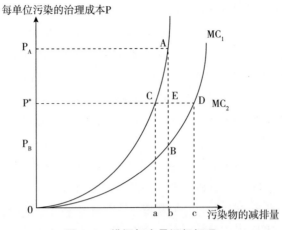

图6-9　排污权交易运行机理

对环境物品的价格变化迅速响应并调整污染治理决策，更好地调动节能减排技术、清洁生产技术参与污染治理问题的解决。

（2）排污权交易下企业的适应性行为分析。排污权交易使企业节能减排的决策具有灵活性、自主性。企业是否参与排污权交易取决于政策遵从成本，过高的政策遵从成本使企业选择承担经济处罚的风险而违规偷排，或者企业会迁移到环保规制较低的地区。假如企业可以支持政策遵从成本则会采取遵从环保政策的行为，从企业治污水平看，一方面，企业在市场上购买排污许可证，以满足自身排污需要的指标；另一方面，企业改进污染治理技术，或者降低同等产出条件下的污染排放量。如图6-10所示。

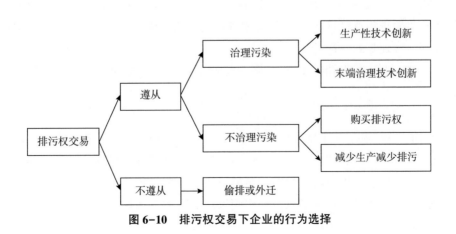

图6-10　排污权交易下企业的行为选择

（三）排污权交易的总体框架

关中城市群排污权交易市场的构建涉及排污总量的确定、排污权市场交易规则、排污权交易监督管理三个方面，本章主要从这三个方面进行分析。

（1）排污权总量确定是关中城市群排污权交易的基础性环节，也可称为是排污权一级市场制度建设，其设定的总量规定了关中城市群的政府在规定时间内发放给企业的配额上限数量。该制度反映了关中城市群排污权交易机制对陕西减排的贡献大小，总量控制机制的构建主要考虑关中城市群应达到多大减排程度及应采用何种减排的总量确定类型。目前，直接利用前期排污量的计算成果，依据区域规划或排污现状的总量确定方法可节约大量的计算成本，更适合关中城市群五市的发展状况。在城市经营中，存在部分的排污量是由较为分散的个体及公共事业产生，这些排污量应从中扣除。因而，可初始分配排污权为测算所得的排污总量扣除较为分散的个体排污量及公共事业的排污量，见式（6-3）。

$$W_f = W_a - W_i - W_p \qquad (6-3)$$

式中，W_f 表示关中城市群去掉个体和公共事业的排污总量；W_a 表示关中城市群允许的排污总量；W_i 表示关中城市群分散个体的排污总量；W_p 表示关中城市群公共事业所需的排污量。

为保证关中城市群各城市的发展，计算可初次分配的排污权前，应先计算政府预留满足经济增长需求的部分。计算公式如下：

$$W_r = W_f \times D_w/D_p \qquad (6-4)$$

式中，W_r 表示关中城市群预留的排污量；W_f 表示关中城市群去掉个体和公共事业的排污总量；D_w 表示关中城市群水平年的生产总值；D_p 表示关中城市群预计规划年的生产总值。

在 W_a 排污总量扣除 W_f 后，剩下的就是可初始分配的排污权。计算公式如下：

$$W_g = W_f - W_r \qquad (6-5)$$

式中，W_g 表示关中城市群可初始分配的排污权总量；W_f 表示关中城市群去掉个体和公共事业的排污总量；W_r 表示关中城市群预留的排污量。

排污权交易法规制度是关中城市群排污权分配是否合理、公正且有效的重要保障。因此，需要在关中城市群中明确统一适用的法规规章等。明确的法规制度将政府行为及分配程序公开，防止排污权初始分配中出现"寻租"现象。

（2）政府以排污权许可证的形式规定企业使用空气环境容量的多少。分配环节可以采取无偿分配，或者按历史排放情况分配，明确企业对容量资源的使用权，实现了排污权的初始配置。企业获得排污权后进行决策，自己使用或者在市场上交易。排污权的再分配是通过市场机制完成的，通过交易，排污权被配置到对它支付意愿最高的企业。具体而言，排污权在甲企业和乙企业之间交易，甲企业和乙企业之间的边际治理成本不同，污染治理成本较低的乙企业会多消除污染物少排放，乙企业"节约"的排污权许可证出售给甲企业，甲企业就使用购买的排污权来降低污染物去除量，甲企业降低了污染治理成本和压力，直到甲企业和乙企业治理同样单位污染的边际成本相等，排污权交易就会停止。

（3）政府对排污权交易市场的监督管理意义在于确保空气环境总容量的目标，维护企业的排污权和交易市场的秩序，通过违规罚则提高企业违规的机会成本。政府一方面要及时准确地获取企业持有的排污权许可证的信息，另一方面要掌握企业的实际排污情况，即从许可证审核和排污监测两方面进行监督管理。

四、绿色金融政策设计

地方政府与企业防控联动中，金融资源配置的激励引导发挥着重要作用，通过金融政策设计使金融资源从高耗能、高污染的行业逐步退出，投向节能减排、清洁生产技术研发的领域，纠正在市场机制下绿色项目投资的正外部性或污染项目投资的负外部性不能内部化的不足。

（一）绿色金融政策的设计框架

（1）绿色金融政策设计的目标是提高绿色投资收益率，降低污染性项目的投资回报率，减少对限制性政策措施的依赖，增加鼓励性政策措施。企业依据自身生产函数在要素成本既定下以利润最大化生产，但环境资源（具有容纳污染物效用）的使用成本未被纳入企业的生产决策，部分生产具有污染性的产品成本没有考虑环境因素，产品价格并未反映生产时对环境污染损害的负外部性。因此，要合理提高环境友好型产品的市场价格，增加绿色投资的收益率，逐步退出或取消对高耗能、高污染产品的价格反补，通过绿色金融政策改变投资者和消费者对污染性产品的偏好，将环境成本显性化来间接提高污染性项目建设成本。通过规模效应和专业化操作，降低绿色产品的税费和市场流通成本，利用环境信息价值降低绿色项目的融资成本，提高项目融资的获得性、便利性，创建环境信息高效流动的市场网络，为金融机构、投资团体，以及消费者提供更多辅助决策的信息，发挥市场机制激励绿色投资。

（2）通过绿色金融的基础设施和制度提升企业的社会责任。强化企业对环境的责任意识是比使用金融工具成本更低的发展绿色投资的途径，设计制度倒逼企业承担环境责任，改变企业生产函数中社会责任的权重，从而间接起到推动绿色投资的作用。

（二）构建绿色金融政策体系

（1）加大和创新绿色金融产品的供给。关中城市群由于能源化工行业占产业比重大，传统高耗能、高污染的经济增长方式仍占据大量金融资源，各市没有达成绿色金融发展的共识，绿色金融体系处在起步阶段。目前绿色金融市场以商业银行的绿色信贷为主，整体绿色金融发展还未达到其他城市群的水平，空气污染治理的绿色金融产品更是供给不足。可以考虑成立专业从事绿色贷款和投资的机构，以绿色债券为主要融资来源，推动绿色产业基金发展，成立政府性治污减霾基金，绿色银行和绿色投资基金的资本金可以部分来自地方政府，也可以吸引部分社会资本。对新创立的环保类中小企业提供股权类投资，对大型环保绿色项目或者高技术引进提供股权融资，引导社会资本长期参与治污减霾相关产业的投资，拓宽企业实现清洁生产过程中的金融产品选择。推广绿色保险产品和服务，一方面帮助企业防范环境风险，分担环境破坏赔偿责任；另一方面，绿色保险将隐性的环境成本显性化，抑制企业对高污染项目的投资。

（2）发挥财政手段对绿色金融的杠杆作用。政府通过对企业提供财政资金激励，将绿色投资项目的外部性内部化，推动企业作为绿色投资决策。财政资金可以对绿色贷款贴息，利用政府的信用为绿色贷款提供担保，贴息或担保计划除了针对污染整治、排污控制项目，如燃煤机组脱硫脱硝等项目，还应涉及清洁能源、清洁煤炭、新能源汽车等。尽可能支持环保类中小企业，对符合贴息条件的中小企业设置优惠条款和简化审批程序。对于清洁能源领域，政府适当为清洁能源生产企业提供价格补贴，与企业签订绿色合同，使用财政资金购买环保类服务。评估关中城市群整体财政能力，探索与银行监管部门和金融机构合作下财政出资建立绿色银行。

（3）绿色金融制度对绿色投资的引导。绿色金融制度通过制度改革、绿色信贷的指引和评估体系、树立企业的社会责任、披露环境信息等方法健全绿色金融市场的制度。从制度上增加银行和投资者对绿色项目的偏好，金融机构对所投项目的承担环境责任，强调投资者在决策中考虑生态环境成本，引导银行和信用评级公司在企业信用评定中加入环境因素，明确企业环境风险等级，将其通过一整套的评估体系融入到银行评估和审核贷款的过程中。要求城市群内企业发行债券必须符合绿色社会责任，培育机构、团队等绿色投资者网络，建立对绿色项目环境正外部性的量化和评估程序。构建环境信息披露制度，强制性要求企业在规定期披露重大环境问题以及治理、污染物排放达标、治污设施运行和管理等情况，披露的数据有助于市场准确评估企业环境风险价值，透明的信息也倒逼污染企业重视污染治理。政府鼓励专业机构对披露的信息进行挖掘和利用，并强化与专业机构之间合作。

第三节　政府与公众之间防控联动的实施路径

在"市场失灵"和"政府失灵"双重作用下，重新审视治污减霾中地方政府与公众之间的关系以及权利结构显得尤为重要。公众是治污减霾成效的利益相关者，其参与治污减霾可以弥补政府为主导的单一治理模式的不足，更能为政府的环境规制起到保障作用，本节从引导参与、合作共治以及监督约束等方面探索政府与公众防控联动的实施路径。

一、政府引导公众参与

（一）构建引导层

引导参与分为两个组成部分：引导层与参与层。其中，引导层包括核心层、汇聚层与介入层。核心层为政府部门，作为引导层的核心力量，形成自上而下的"引导-参与"联动格局。如图6-11所示。

目前，关中城市群治污减霾的公众参与现状为，政府制定的公众参与政策无法被社会公众全面知晓，大部分公众完全不知情，政府引导环保积极分子以及环保志愿者等群体形成作为"政府引导、公众参与"的桥梁，形成类似于社会组织的非政府机构，引导社会公众参与治污减霾。汇聚层吸收退休老干部、老党员这类"社会能人"，在治污减霾引导参与过程中充当"环保骨干"，

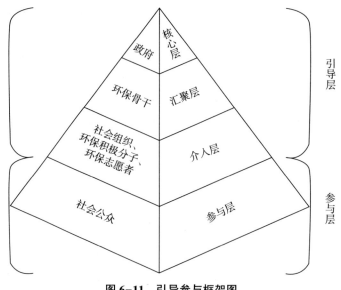

图 6-11 引导参与框架图

发挥能人效应，以骨干带动社会公众参与，起到引导参与中汇聚社会与政府双方治理力量的枢纽作用。骨干具备较强的号召力与组织活动能力，通过建立在情感、认同关系以及共同志向基础上的关系网络，能够以自身实际行动引领和影响周边群体参与环保实践活动。介入层主要为社会组织、环保积极分子以及环保志愿者。汇聚层中的环保骨干人数虽然少，但却能够较好地融入社会组织，增强社会组织的亲民性，进而更好地带动介入层。另外，社会组织的专业是开展公益活动，因此社会组织能够全方位配合环保骨干联合核心层与介入层而发起的公益活动。环保积极分子以及环保志愿者主要是关心并尽力参与环保公益活动的群体，在汇聚层与参与层中起到衔接作用。参与层为全体社会公众，在核心层、汇聚层与介入层的层层引导下，社会公众参与治污减霾现状才能得到改善。

利用互联网平台（双微、微博、微信公众号）引导社会公众认识雾霾和治污减霾的宣传。核心层（陕西省生态环境厅与地方生态环境局）利用官方微博和微信公众号等平台进行治污减霾的宣传与治污减霾公众参与的政策推广，然后由介入层进行转发、互动，让社会公众关注关中城市群治污减霾动态信息与实时政策。例如，可以在微信小程序中开发"雾霾知识"等互动小游戏，让更多的省级、地方媒体与社会组织的微信公众号每天不断更新当日雾霾最新指数与实时空气质量状况，转发中央至地方治污减霾文件与动态新闻，发布原创治污减霾文章，让社会公众全方位认知雾霾，使得社会公众对关中城市群治污减霾取得的成效有充分认知，培育社会公众治污减霾的决心以及信心。同时，社会公众能够在此基础上对关中城市群治污减霾工作有阶段性的认知与把握，对自身参与治污减霾的方式产生思考；通过目前主流 APP 平台，搭建新媒体"雾霾频道"，引导层收集雾霾相关纪录片、地方治污减霾纪录片或邀请环保专家参与环保公益短视频、微电影的拍摄活动，打造治污减霾视频库，并设置社会公众与专家面对面互动环节，形成治污减霾专题视频，以主流 APP 带动效应，达到治污减霾防治宣传引导效果。

（二）市场化视角下引导和激励

（1）对公众进行合作治理收益激励，即让公众监督权的市场化赖使公众获得收益。赋予公众相应的环境损害赔偿权，通过治污减霾政策及落实信息实时共享平台，社会公众有权举报违规企业（存在清洁生产技术落后、夜间偷排等现象的企业），让政府及时掌握相关信息并予以处理，通过行政处罚的方式，让违规企业承担损害环境的相应代价，政府在进行罚款利益分配时，能够将部分罚款转移支付给举报者。

（2）通过市场价格调控实现公众参与。涉及排污或环保方面的市场产品，政府将通过两个相反的价格调控方式，激励社会公众参与治污减霾过程。对于排污、高耗能产品，政府在相关企业的生产方面政策偏向过小，因为对于此类产品（不利于环境保护）生产不予支持，所以政府对于该企业收取相对高额的排污税或销售税，控制该类产品的生产。企业通过税收机制，将产品的市场价格抬高，将税收成本通过市场转移至社会公众。假设公众为理性人，那么会对该类产品购买使用予以权衡。对于环保产品，政府政策制定则对此相对倾斜，以政府补贴的形式鼓励该类企业进行环保产品的生产。企业收到补贴之后，将降低该产品市场价格，一方面提高企业竞争力，另一方面激励社会公众购买此类产品，引导社会公众主动参与治污减霾，使社会公众能够享受"价格"与"环境"的"双重利益"。

（三）引导参与的制度保障

（1）信息供给制度。社会公众参与雾霾治理并非政策硬约束，因此需要设计完善的信息供给制度，激发公众的环境权益保护意识、责任意识，推动社会公众自主参与。以往社会公众参与治污减霾协同治理，首先，缺乏自主性，绝大部分是因为信息缺乏对称性；其次，缺乏危害意识。随着美好生活与发展不平衡不充分的社会主要矛盾日益凸显，社会公众对优良环境与健康危害有了充分需求与认知，因此保障信息供给有效性与及时性能够成为公众自主参与的强大动力。政府利用网络技术与"传统—新媒体"相结合的媒体矩阵搭建治污减霾政策及落实信息实时共享平台，为公众参与创造自主参与平台，空气质量实时更新、违规企业名单、处理进度、行政处罚结果等信息通过平台公布，能够唤醒公众的责任意识、主人翁意识与权利意识，形成公众参与的协同治理格局。

（2）反馈制度。社会公众在环境领域是直接利益者也是直接受害者，平台信息供给的有效性与及时性虽然能够保障社会公众自主参与，但不能保证这种参与具有可持续性。社会公众作为环境污染的直接受害者，需要将自身利益诉求表达出来，并且得到政府回应，才能确保社会公众参与治污减霾政策能够持续进行，否则将对社会公众自主参与的积极性造成打压，难以继续自主参与雾霾治理过程。信息平台建立"信息反馈"功能，对社会公众的利益诉求给予及时、准确的回复，才能确保社会公众自主参与具有可持续性，形成"政府—公众"之间的良性互动。

二、政府与公众合作共治

（一）合作共治的逻辑起点

合作共治是除政府"属地管理"或"垂直管理"体系与社会自治以外的另一种公共事务治理模式，实质为社会参与公共事务管理的过程，与政府共同治理。环保组织成为社会与政府缔结共治关系的桥梁。

（1）环保组织成立之初，就以保障生态环境不受破坏与社会公众的环境利益为己任，具有非营利性，其自愿性与自治性决定环保组织是介于政府与市场之间的第三种组织形态，治污减霾的公共服务属性，决定环保组织与政府具有相同的组织目标，从而环保组织具有代表社会公众环境利益的身份参与政府治污减霾合作共治过程。

（2）环保组织的亲民性、相对独立性、自组织性决定其具有治污减霾能力，因为环保组织能够吸纳足够的社会资本，规避"政府失灵""市场失灵"与"参与失灵"。

（3）环保组织具有专业基础，由环境保护方面的专家与学者自组织而形成，通常能够成为政府智库从而与政府保持紧密联系，能够在一定层面上为政府治污减霾政策制定建言献策，使雾霾治理政策能够充分考虑社会公众利益，同时环保组织还能够监督治污减霾政策落实，并为企业提供环境技术支持，具有普遍价值。

（二）合作共治的途径

（1）非政府环保组织广泛介入治污减霾。雾霾污染对公众的健康具有广泛性损害，治污减霾的成效也关系着公众共同的利益，但这并不表明公众能自发形成一致性的环境质量诉求，因为部分公众可能存在规避雾霾污染的潜意识，公众面临治污减霾的决策时，不同个体之间表现出选择参与或选择规避的差异。如果社会公众以分散的个体形式来参与和讨论环境相关问题的决策，则公众个体的主张将是分散化的，并且可能发生内部冲突和矛盾，无法凝聚力量，这种行为将会削弱公众所追求的共同利益和降低公众获取相关利益的能力。因此，高效率的社会公众参与不局限于个体自身的参与，还包括非政府环保组织、社会志愿者组织、非营利性机构等社会性和非营利性团体的参与。这些组织和团体将分散的公众参与效能进行聚合，通过团体达成一致的、共同认可的协议，建立组织化的激励和约束机制，用以协调个体的主张和行动。

关中城市群五个城市非政府环保组织自身发展不够成熟、规范，政府对环保组织进行适当的资金支持、税收优惠等扶持性引导，保障环保组织在治污减霾过程中的独立主体地位。一方面，政府出台相应法规，加强环保组织在当地的法律地位，使得环保组织能够健全其内部自治制度；另一方面，环保组织在治污减霾政策指定方面形成良好的民主协商、相互监督的氛围，形成环保组织参与治污减霾的自发力量，弥补"政府失灵"，开展立法协商，环保组织与专家学者能够在政府制定政策过程中参与重大利益调整的论证咨询环节。给予具有较高的社会声誉和地位、深受公众信任、环保资质较深的环保组织参与地方政府相关部门会议的权利，并具有提出疑虑和发表观点的权利，最后将环保组织的部分权利扩大至省级或市级的政府环保部门，使环保组织与政府部门的协作与沟通关系常态化、合理化和制度化。

（2）在政府作为投资主体和公众民主诉求的双重作用下保障环境物品的供给。地方政府对环境物品供给不足造成了公众使用拥挤和供需缺口，如城市绿地的供给不足对治污减霾的效果具有不利影响。环境物品的供给能力受地方政府公共财政的制约，同时，环境物品的供给多少和供给结构也受公众的民主诉求影响。政府作为环境物品投资主体应估算物品供给规模，研究供给结构、社会效益等，在公众中筛选利益代表人（市民、专家或利益团体）使其参与到环境物品供给的行政决策程序中，发挥公众监督作用，促使政府提高环境物品的供给质量和效率，保障环境物品供给的有效性。另外，环境信访作为一种重要民主诉求反馈渠道，公众通过电话、信件等方式向环保局、信访办等部门表达环境物品的需求，也可以对环境物品的严重损害问题进行反馈。

（3）推动交通运输结构变化。目前地方政府进行关于机动车废气排放的治理过程中，更多地采用限购、限行、限号等行政管制手段来直接限制机动车的使用数量。但是，西安的空气质量指数及其他单项污染物浓度并没有因为机动车限行政策的实施而出现明显的下降趋势，这说明高强度的环境管制制度有一定局限性。由于其制度的设计没有达到激励相容的效果，可能会使市场消费结构和消费行为出现畸形，造成较大福利损失的同时仍然达不到治污减霾的预期效果。通过征收庇古税，提高公众使用机动车的成本，如征收燃油税、提高道路收费标准、提高油价等，鼓励公众改变出行方式选择更为环保的出行方式。另外，与行政管制手段相比，这种增收税费的方式对社会福利造成的冲击较小。完善相关基础设施的建设和制定相关策略，譬如实施公交优先的策略、大力修建轨道交通、拓宽路面非机动车道等，推动和支持公共交通与非机动交通的发展，鼓励公众在出行时尽可能地选择公共交通工具和非机动交通工具，减少机动车的使用，以达到节能减排、降低污染的目的。建立公共交通导向的政策，鉴于西安等城市空气污染的严峻程度，以及人口密度高的特点，城市轨道交通规划中必须更加强调发展公共交通，西安应该规划大幅度提高地铁占公众出行的比例，择机实行汽车拍照拍卖制度和（或）征收拥堵费，还可通过独立发行市政债券来为轨道交通融资。

三、畅通公众监督渠道

（一）公众通过发起环境诉讼进而约束企业的污染行为

该部分引入第三方监督者进行司法协议的监督。环保组织和公众在司法监督方面成为原告，对地方非法污染排放企业进行环境公益诉讼。地方法院为治污减霾成立专门的生态环境保护法庭，并依法受理环保组织和公众提出的公益诉讼。诉讼结果存在以下两种情况：

第一种情况。庭审过程中，原告与被告双方达成调解协议，法庭下达调解书，原告（环保组织或公众）、被告（非法排污企业）与第三方监督者（环保组织）其签订监督协议（对企业整改方案进行详细说明，并附上限期整改的时间），协议约定内容为第三方监督者志愿成为监督员对被告是否按照调解协议中的治污减霾方案进行调整，调整后企业是否按照协议要求或依法使用环保设施进行清洁生产，以及对企业是否如期达标排放标准等情况进行监督，根据限期整改时间第三方监督者实行全程监督。在该过程中，第三方监督者根据监督协议以及调解协议履行监督职责，具有法律效应，对被告的行为进行监督，同时接受来自法院（政府）、原告和被告的监督，将监督过程中若发现被告未按照监督协议以及调解协议实行调整，将情况进行整合并形成监督报告，向原告和法院以及有管辖权的治污减霾部门（政府）汇报。

第二种情况。庭审过程中，原告与被告双方并没有调解。法院依法对企业进行惩治，并要求企业签署整改协议，与调解协议一样，整改协议包括整改措施的详细内容以及整改限期。在整改协议基础上，政府、企业与第三方监督者（环保组织）签订监督协议，协议约定内容与第一种情况相同。仅仅只是在汇报情况时，第三方监督者汇报情况给法院以及有管辖权的治污减霾部门（政府）即可。

（二）环保组织是对政府监管力量的有益补充

政府与环保组织签订《社会公众参与治污减霾第三方监督委托协议》，给予环保组织对政府部门以及地方辖区内高耗能企业的监督权利和职责。由环保组织与被监督的企业签订《委托环保环保组织第三方独立监督协议书》，协议明确被监督企业的职责以及环保组织的监督内容和权利义务：由环保组织监督高耗能企业环保工作进度、效果以及企业履行环保职责程度，通过监督提升企业责任主体和企业员工的环境保护意识与治污减霾能力；监督市生态环境局、市安监局、市质监局、市城管局、市建委等政府部门依法开展治污减霾工作的落实情况；环保组织将监督对象（企业与政府部门）的政策落实情况形成书面报告向市政府汇报。在该过程中，环保组织充当第三方监督者的职责为：以独立于政府、企业之外的第三方身份依法行使公众监督权；根据签订的协议监督政府在治污减霾过程中的环境监管行为是否存在问题；帮助并监督企业按照国家法律与地方政策和法规做好治污减霾工作；对社会公众进行治污减霾相关法律及环保知识培训；对企业在进行生产活动时可能存在的安全隐患以及超标排放提供专业服务。

第七章　关中城市群治污减霾防控联动机制的政策支撑体系

第一节　政策支撑体系的内涵

一、体系与政策体系的概念

体系，通常是指一定范围内或相同类型的事物，按照一定秩序与内部联系组成的整体，是由不同体系构成的整合，是由若干相关事物或一些意识互联的系统所组成的，最终构成具有特殊功能的有机整合体：工业系统、思想体统、作战系统等。

政策体系是指不同政策单元之间和同一政策内部不同要素之间的关联性及其与社会环境互相作用而构成的系统。

二、政策体系的特点

（1）整体性。政策体系是一个有机的整体，这是政策体系首要的基本特点。

（2）相关性。政策系统内部不同要素之间及系统与环境之间的相互依存的特性。

（3）层次性。从纵向的角度看，政策体系从高层到低层分为若干等级，高层级政策是低层级政策的基础和支撑，低层级政策是对高层级政策的补充和延伸。从横向的角度观察，政策体系内部又包含了各种不同类别的子系统，它们之间相互补充、相互配合、相互协调，使政策体系能够保持其自身的有机整体性。

（4）有序开放性。这是政策运行状态的特征之一。有序性体现了政策体系的结构和运作必须按照一定秩序有规则地进行，开放性体现了政策体系与社会环境之间的关系。

三、关中城市群治污减霾防控联动机制的政策支撑体系

关中城市群治污减霾防控联动机制的政策支撑体系贯穿于整个治污减霾的过程中，在治污减霾联防联控的形成机制和运行机制中，政策支撑体系均发挥着非常关键且不可替代的作用。为了全面推进关中城市群治污减霾防控联动机制的政策支撑体系的形成和运行，要在加大相关政策支持力度的同时，在现有的政策基础上对各类支持性政策进行更深层次的整合，及时根据现实情况的变动制定出符合新常态的新的支持性政策，提升政策支持的执行力度并确保其成效，充分发挥其合力和引导作用，调动各社会主体积极参与到治污减霾事业中以保证治污减霾过程中多方相关利益主体达成协同治理的意愿。

第二节　关中城市群治污减霾防控联动机制的法律法规

一、完善关中城市群治污减霾法律依据

法律依据是国家、集体或者个人在行使其某项权利时所必须遵循的法律理论，关中城市群治污减霾防控联动机制的法律依据是关中城市群内各社会主体在进行治污减霾行动时所必须遵守的准则。尽管现阶段我国的相关法律制度和政策性文件中明确了治污减霾联动防控的指导思想，但仍然没有将其写进《大气污染防治法》里，并且缺乏强有力的区域治理顶层设计、地方立法以及

二者之间的协调性。当前地方政府间的合作仅停留在会议文件中，只能暂时治标，无法治本。在环境保护法律方面，虽然我国已经出台了《环境保护法》《空气污染防治法》和《清洁生产促进法》等法律，但由于地区间的差异性和贯彻落实法律制度的程度不同，导致空气环境治理的效果呈现显著的差异性，有些地区的雾霾治理有了明显的改善，但关中城市群地区仍然雾霾频发。这就需要不断完善和细化相关法律法规，鼓励关中城市群地域内的各地方政府间跨域达成关于区域协同治理空气污染的行政协议和区域性立法来保障关中城市群多方联动治理雾霾的成果。

对于不同的社会主体，政府应该制定有针对性的规章制度。企业生产是污染排放的最主要来源，应该有严格的法律制度去引导和约束，比如制定《企业排污比例的控制标准》《煤烟排放规制法规》《环保税费制度》《征收资源环境税的具体细则》等，出台《环境准入清单》《重点行业项目建设监管条例》，提高产业的准入门槛，完善污染企业退出机制，明确禁止和限制发展的行业、生产工艺和产业目录；严格监控高耗能和"散乱污"项目的建设、生产、污染排放总量等。另外，由于区域空间跨度较大，区域内各个地方的自然生态环境也存在差异性，导致不同地区产生空气污染的原因也不尽相同，因而不同地区对于大气污染的防控措施也是有所区别的，由此也说明，制定地方条例和地方政策性文件是非常有必要的。在可持续发展的基础上，省级政府及人大常委应出台区域协同治污降霾的联防联控专项立法，根据关中城市群区域的实际情况和特征，制定具有自身特色、区别于其他地区环境立法的《区域环境保护条例》《关中地区空气污染监测条例》《环境质量控制办法》《关中空气污染联防联控联席会制度》《关中地区空气污染跨区域纠纷案件处理办法》等规章制度，将联防联控机制纳入法律框架中，打破条块分割现象，实行统一的工业企业废弃排放标准。同时，造成空气污染的条件以及污染物的种类不是一成不变的，立法内容上应注意体系的开放性与灵活性，以便于地方根据本地实际情况灵活应对。

完善治污减霾联防联控保障机制。关中城市群应明确雾霾治理的联防联控机制法律制度，即明确参与主体的合作机制以及相关政府部门的雾霾治理责任与分工，让雾霾跨区域联防联控机制成为空气污染治理的法定内容。在问责保障机制方面，量化关中城市群区域内雾霾治理的指标，通过制定《关于对主要环境责任主体的问责办法》，健全政府环境治理的终生追究问责机制，明确政府环境责任的追究范围。强化企业与公众的环境问责机制，加大环境违法行为的违法排污处罚力度，通过法律规定约束公众的损害环境行为和保证公众在环境治理过程中的权益，同时要约束公众的行为，比如制定《保障公众参与环境治理的基本法案》《关于对公众破坏环境的惩治措施》等。赋予社会环境保护组织和公众参与雾霾治理和环境保护决策的权利，积极听取并采纳社会公众的合理建议和意见，扩大参与主体的范围，鼓励社会公众监督政府相关部门信息公开和治污减霾的工作进展情况，鼓励公众勇于揭露政府部门的不作为情况和存在的工作问题并理性提出自己的疑虑，完善社会环保组织与政府环保部门之间的沟通和反馈机制。实现区域环境执法行动的公开透明；将公众对区域治污减霾工作绩效作为对政府工作的考核指标之一，建立政府和公众联合考核的多层次考核评估体系。

二、厘清关中城市群治污减霾法规细则

健全联防联控法规制度体系。陕西省政府各部门应以可持续发展理念为基础，以《空气污染防治法》和《环境保护法》为指引，制定更严格的《环境评价标准体系》和《关于关中城市群环境空气质量标准的统一规定》；严格明确关中城市群污染排放的总量和标准，统一超标或违规排放的处罚标准；在符合全国规定的基础上，根据区域内各市污染治理的具体情况，合理制定并及时更新关中城市群区域内各市的减排指标和空气质量指标。关中城市群需要根据本区域的实际情况，联合制定空气质量达标的长期规划，完善雾霾防治规划制度，健全雾霾的监测与预警联动机制的相关规定。建立区域统一信息共享平台，发布《环境信息公开办法》和《信息平台管理办法》等法规，平台应保障空气质量信息的及时公布和有效共享，及时更新区域协同治理雾霾的动态和重大事项，定期公开区域内各行政单位的空气污染治理工作情况，细化相关的制度规范。在全国统一的标准下，政府在出台相关的法规政策时，应将PM2.5、氮氧化物等污染物的治理尽快纳入立法，为监管部门提供明确且权威性的法律依据，为相关主体提供有效治理措施；在相关法律法规中增加所监测的空气污染物，扩大对不同污染源的监测范围，增加PM2.5等指标影响评价，制定针对污染企业的《污染物排放监控条例》。制定《关于对关中城市群环境质量的监控体系管理条例》，完善环境监测与监控网络，加强环境空气质量自动监测网络建设，合理扩增监测点，加强移动源排放监管能力建设。同时，联合新闻媒体、社会公众以及环保团体，构成多方监督网络体系，共同监督各级

政府以及相关部门之间联动治污减霾的工作进度。

在执法和司法保障方面，完善区域联合与异地交叉执法制度，建立跨区域环境执法队伍，规范执法程序，以克服地域行政化分隔带来的执法阻隔；研究建立环保联合执法和执法信息共享机制，推进执法信息公开；提高执法人员的业务水平，引进专业人才，进行环境与法律方面的专项培训，提高执法水平；完善公益诉讼机制，可以通过适当降低诉讼成本以鼓励环境公益诉讼，明确环境行政机关、相关环保组织提起环境公益诉讼的原告资格。在利益和生态补偿机制方面，在关中城市群区域建立专门负责对区域空气质量的检测、监控和防治，以及协同减排补偿费用收发奖罚工作的相关机构；加大对相关机构的财税支持力度，由专门的行政职能部门统一安排治污减霾专项基金，定期对外公布基金的使用去向和明细，以防出现滥用专项基金的情况；建立机动车经济补偿机制，给予新能源汽车财政补贴；鼓励区域内各企业间实行排污权交易制度，建立健全排污权交易政策法规体系；鼓励社会资本参与雾霾治理，建立多渠道、多手段的融资机制；制定相关排放限额分配机制，保障其机制的科学性、合理性和公平公正性；创设生态补偿金制度，通过设立环境专项基金、环境保护福利彩票等措施来满足生态补偿的需求，对因环境治理而造成损失的企业给予部分税收的减免和一定的经济补偿。

第三节　关中城市群治污减霾防控联动机制的部门协作制度

部门协作制度是政府部门为了解决治污减霾过程中出现的各种问题，实现提高空气质量这一共同目标而提出的一种合作制度。各政府部门对实现目标的路径和步骤进行交流并达成共识，推动各部门间横向与纵向的合作，明确各部门的分工与协调，避免出现部门交叉或者管理的真空地带，从而提高政策制定和执行效率，达到治污减霾，改善大气状况的效果。

目前，关中城市群治污减霾防控联动机制的部门协作制度还不完善。首先，中央政府提出政策部署后，各地方政府响应速度不一，并且由于各地的主要污染源以及污染程度不尽相同，受利益驱使，各地政府难免产生"搭便车"的心理，这会影响治污减霾协同治理的效果。其次，各地市的部门之间、部门与县市区政府之间还没有形成高效有力的治污减霾信息互换、工作部署、监督反馈机制。各部门消息闭塞、孤军作战的现象十分普遍，工作合力严重不足。

在结合发达国家大气污染治理经验以及国内实际情况，制定符合关中城市群治污减霾工作的目标规划时，量化目标是治理过程中的一个重要环节。由于城市群内各个市区的经济发展水平和空气污染程度不尽相同，需要灵活运用政策工具，制定出具备较强可操作性和强制约束力的动态性政策，注重市场经济手段和技术手段的协调使用。同时，在制定政策前要加强地方政府之间的沟通，制定的政策要充分考虑到城市群内各个市区的情况差异。为了完善关中城市群治污减霾相关政策的执行方式，提高其执行力度，在制定过程中要反复斟酌，反复确认，不断修改，不断优化，保证法律法规的可执行度与其适用性，避免出现相关部门重叠、职能交叉、权责不明等情况，尽量保证每项政策主体及其权责明确化（杨贺、刘金平，2020）。

一、完善预测预警预防机制

为了改善关中城市群治污减霾的现状，要充分发挥科学技术的作用，灵活运用各类科技手段建立并完善治污减霾预测预警预防机制，协助政府转变治理方式，在减少工作量的同时提升工作效率，帮助政府及时地、有指向性地采取预防措施，把事故发生后的问责变为事故发生前的预防。为了全面提高关中城市群预测预警预防大气污染的能力，要坚持以提高社会化、法治化、智能化、专业化水平为准则，建立起完善的治污减霾预测预警预防机制，将各项任务和责任拆分开，细化到点，找准解决问题的突破口，尽全力解决目前关中城市群治污减霾事业存在的薄弱环节和突出短板，以问题为导向，严格落实综合治理领导责任制，加快治污减霾防控体系建设的进程（肖宏伟，2014）。

关中城市群各地方政府应成立紧急预案制定工作组，组织政府相关部门的工作人员、行业内的专家以及大气污染物排放重点企业的代表，明确制定应急预案的分工和任务，并对工作组的人员进行培训，确保该工作组有能力及时制定出符合本地地理情况、气象水平和地形条件的大气污染应急预案，做好应对各种突发事件的准备。同时，向大气治理指挥中心提交预案，深化环保部门与气象部门的合作，建立起重污染天气监测预警系统，并将监测结果发送到指挥中心，确保中心可以及时地对监测结果做出重污染天气过程的趋势分析，并会商研讨解决办法，保证监测预警的准确性，将监测预警信息及时发布给公众。

另外，指挥中心还要定期开展针对大气污染的应急演练，提高公众的相关知识水平和应对能力。各地政府也可以在自己管辖的区域内实行网格化监管，每个网格设立专人监管大气质量，将大气监管落实到各个角落，实现大气监管无死角，确保政府及时掌握区域大气现状，加快从源头上治理大气污染，及时处理大气污染相关事件，尽最大努力调动各社会主体积极响应，全力以赴促进大气环境改善，努力开创关中城市群治污减霾新局面。

二、统一大气污染治理标准

统一关中城市群大气污染治理标准，是为了避免各地区由于标准不统一造成的"你防治，我污染"的现象，在一些已经制定了大气污染治理标准的地方，污染物排放标准相对严格，而在没有制定标准的地方，污染物排放标准相对宽松，这就导致了各地区污染物排放标准高低不一的现象。又或者有些地区对一些国家未规定的项目制定了排放标准，那这些污染物的排放就是受限制的，而另一些地区未规定排放标准，则污染物在该区域的排放就是不受限制的。无论出现哪种情况，都会使治污减霾的效果大打折扣。而在制定统一的大气污染治理标准时，由于地方环境标准制定主体的特殊性和区域行政的碎片化，制定的过程又会存在各种阻力。

为了解决关中城市群地区区域性大气污染问题，需要摒弃传统的以行政区划来防治大气污染的理念，进而转变成构建联防联控的防治大气污染机制。而解决区域性大气污染的一个重要手段是统一大气污染治理标准。各地区应该确立合作共赢的治污理念，在大气污染治理问题上形成协同合作的思维。由于关中城市群区域内各市区的法律背景一致，因此在制定统一的大气污染治理标准时，关键就在于是否存在可拓展的法律制定空间，即如何在当前的法律基础上继续完善大气标准制定方面的内容，由于当前大气环境标准的制定程序没有体现出关中城市群大气污染治理标准的特殊性，应该对其进行不断的改进，最终制定出符合关中城市群各市区治理背景和治理现状的统一标准。

省级政府制定地方环境标准的权力是通过法律明确授权而获得的，省级政府在本行政区管辖范围内可以行使制定权。因此，可以将省政府作为标准制定的主体，建立以合法性和经济性为评估标准的大气污染治理重点项目的政策考核及评估制度。首先，根据国家公布的治理框架，制定出切合实际的政策考评体系。在建立评估机制时，可以参考借鉴日本、韩国等东亚国家对于政府政策评价方法和评估法案制定的经验。其次，建立具有资质专业水平的三方评估机构，对于各项政策的制定、实施以及评审进行流程化管控、全程评估，动态考核政策的执行效果，机构有权随时终止或优化相关政策，以避免环境部门对环境信息公开的不透明性导致的含糊不清甚至无效的政策评估结果（司蔚等，2011）。

三、建立关中城市群治污减霾信息共享机制

制定府际协作职责清单和监管方案。为了防止责任监督出现真空地带，毗邻区域各地政府不仅需要制定和调整府际协作的职责清单，而且需要明确府际协作中的各项工作任务和考核指标，更需要制定详细的府际协作监管方案为问责提供依据。筹建以环境质量达标为准则的官员考核体系。在雾霾污染跨域防治中，地方政府要把环境质量改善程度纳入官员政绩考核体系，同时要求官员签订目标责任书。

明确各部门监控性职能与审批性职能，明确监测、监察、执法机构职能定位，明确实行省以下垂直管理后环境监察机构、监测机构与地方环保部门之间的关系，以及各自在环境监管中的职责分工和管理要求。明确污染源监督性监测职责定位。从代替企业完成污染源监测工作的"运动员"向监督、稽查企业污染物排放合规性、工作规范性的"裁判员""仲裁员"角色转变，明确监督性监测的技术执法地位，强化监督性监测为环境执法提供技术支持的监督作用。全面实行省以下环境监测垂直管理后，污染源监督性监测主要由县级环境监测机构承担，进一步明确县级环境监测机构的主要职责为依法履行监测职能，并随县级环境保护局一同上收到市级，由市级环境保护局分配专门人员和承担工作经费，但人员的具体工作需服从县级环保分局的领导和指挥，支持并配合所在地区的环境执法工作，形成环境监测和环境执法的共同配合、有效联动，提高工作效率。

明确环境监察与环境执法的定位和分工。加强省级环境监察工作，将市、县两级环境保护部门的相关环境监察职能上收，由省级环保部门统筹安排，通过向市、县及跨市县地区派驻专门的工作人员以完成环境监察工作。省级环保部门经由省级政府授权，对本区域内的各级地方政府及相关部门关于环境保护法律制度、法规条例、政策性文件及环境标准的贯彻落实情况、环境质量责任落实情况进行监督检查。明确市、县环保部门的环境执法责任，将环境执法的

重心向市、县两级下移，加强基层环保执法队伍的建设，强化属地环境执法。由市级生态环境保护局统筹本行政区域内各个县级的环境保护执法权力，由市级环保局统一管理和分配执法人员并承担相应的经费。依法赋予环境执法机构进行现场调研和检查、对违法人员和企业进行行政处罚的权力。将环境执法机构纳入政府行政执法部门，授予调查取证、移动执法等权力，统一执法人员的服装，配备执法专用车辆。

另外，各地政府可以发挥治污减霾主体作用，促成一些大气污染数据、信息和资源共享平台的建立。将重点污染企业进行登记备份，建立城市站、背景站、区域站统一布局的关中空气质量监测网络，对大气状况进行在线监测，并且要提高检测数据的质量，确保监测数据可信，使该空气监测网络客观地反映关中城市群的空气质量状况。同时，定期在共享平台上和其他地区共享监测数据，交流治理经验，并且随时与其他地区或辖区沟通各地市的大气污染治理新方法、新举措。

第四节　关中城市群治污减霾防控联动机制的市场建设规划

一、提高市场污染物排放标准

污染物排放标准是为了实现提高环境质量，使其达到一定水平的目标，结合当地的经济技术条件和环境现状，对排入环境中的污染物或对环境造成恶劣影响的其他因素进行限制而制定的标准。污染物排放标准虽然只是一种技术标准，但它也具有相应的法律意义。它是企业进行排污行为时所必须遵循的准则，也是判断企业排污行为是否合法的依据，污染物排放标准的制定对于促进治污减霾技术进步、推动市场产业结构调整有重大意义。《"十一五"国家环境保护标准规划》指出：我国将加大制定行业型污染物排放标准的力度，增加行业型排放标准覆盖面，逐步缩小综合型（通用型）污染物排放标准的适用范围，对实施时间较长的排放标准进行全面复审和修订，不断调整和完善国家排放标准体系。

由于目前的污染物排放标准还不完善，执法监督体系也不健全，许多企业基于"守法成本高，违法成本低"的现状考虑，会将眼前的利益放大化，而不顾长远的发展，这导致了超标排污的现象层出不穷。为了营造良好的市场排污秩序，我们必须尽快建立起完整有序的污染物排放标准体系。同时，完善政府和公众共同参与的监督制度，加大执法力度，强化"超标即违法"的理念，让污染物排放标准充分发挥作用。

当前的污染物排放标准是以排放的污染物浓度确定的，为了避免企业对污染物进行稀释后排放，要提高市场污染物浓度排放限值。对于常规的污染物，可以根据本地区的环境状况、产业结构特点，以及现有的污染物排放标准制定污染物排放限值，对于新增的污染物，污染物浓度排放限值的确定可以参考欧盟分类分级标准。在确定污染物排放限值时，要注意把握限度，过高的限值会导致大多数企业不能达标，使标准形同虚设，过低的限值则不能起到改善环境的作用，只有适当的限值才可以在保障企业利益的同时，最大限度地保护环境。在对标准进行修订时，要考虑长远，以大局为重，以集体利益为重，而不能将企业利益放在首位。同时，集思广益，修订主体不应该仅仅局限于政府，要集中企业、公众的意见，提出符合三方意愿的具有创新意义的标准，争取尽快为环境管理工作提供可以参照的标准。

提高市场污染物排放标准之后就要提高污染物排放标准的法律地位，污染物排放标准经相关部门审批后再颁布，具有法律效力。但标准再严格，不能保证它的实施，就仍然只是一纸空文。应该明确规定违反污染物排放标准的法律责任，赋予污染物排放标准更高的约束力，充分论证各种污染物排放限值的宽松程度，并使排污行为受到直接制裁。

二、推进新能源市场化进程

随着国家发展向中西部地区倾斜，以西安为代表的关中城市群地区的产业发展也突飞猛进，随之而来的是对煤炭需求的不断增加，这使得大气污染变得越来越严重。由于关中城市群以煤炭为主的能源消费结构在一段时期内不会发生改变，想要改善大气现状，需要在加快优化能源消费结构的同时，控制煤炭和其他各类化石能源的消耗总量，从根本上约束各地政府追求经济超高速发展的行为，改善化石能源消费增长过快的局面。同时，鼓励企业积极使用新能源，探索新技术，生产新产品，推动新能源市场化发展。

目前，关中城市群作为陕西重要的工业聚集地，由于各地区之间经济社会发展水平以及能源资源禀赋的差异，导致各地区能源技术、能源使用效率差距较大，这会影响关中城市群治污减霾联防联控机制的效果。因此，推进关中地区能源一体化建设，建立统一的能源行业市场标准、加快关中新能源城市群建设、转变经济发展方式尤为重要。打造"关中新能源城市群"，协同开发利用新能源。当前关中城市群各市政府正积极推进"煤改电""煤改气"工程，在2019年底实现各地区不合规的燃煤锅炉的全部拆除或实行清洁能源改造，推广清洁能源炉具装置、洁净型煤+高效环保炉具、太阳能+电、生物质+专用炉具等清洁取暖模式。打造关中地区新能源城市群是推动关中各市协同开发利用新能源，推动关中地区能源一体化，促进节能减排效应的需要。

首先，在顶层政策设计过程中，需要立足关中城市群整体，通盘考虑关中城市群各市新能源产业的发展现状，结合各市能源资源禀赋的差异，以及发展新能源产业的优劣势进行定位与布局。加强关中五市在新能源城市建设之间的关联度，如统一关中地区各市新能源城市建设方面的标准、政策措施等要素。推动关中城市群新能源建设的同步性，促进协同发展。

其次，省相关部门应尽快制定"关中地区新能源城市群发展规划"。整合三地的各类新能源城市规划及新能源发展规划等相关规划，制定统一的关中地区新能源城市群建设规划。积极推进"煤改电""煤改气"工程，立足关中城市群整体，统筹电气基础设施建设。做好区域电网改造规划，实施区域电力线路改造工程，促进区域内热网联通联调和建筑节能。完善关中城市群区域内的各地采气、供气和用气的战略规划，促进天然气的生产、配给以及使用等环节的优化和协调；探讨和研究能够保证居民日常用气的新产业模式，加快推进各市乡镇和农村地区天然气管道网络的全面覆盖和接入；进一步完善各市乡镇和农村地区的电网建设，为实现"煤改电"的需求提供基础条件。通过制定统一的新能源发展规划，既能充分发挥各市的优势，也能避免盲目建设、重复建设。

最后，关中地区可以以新能源交通一体化方面为突破口，逐步实现关中地区在电力、天然气以及新能源建筑等领域的一体化。在新能源交通一体化方面，关中地区应逐步实现在城市公交、出租以及环卫、物流等领域推广和普及新能源汽车，实行单双号限行，减少机动车尾气有害物排放对大气的污染。对于新能源汽车充电桩不足的问题，关中地区应统一规划建设贯穿五市之间的充电桩，尤其是连接五市的高速公路充电桩的建设。此外，对于一些高排放机动车，各市应制定统一的标准，推进老旧高排放机动车的更新工作，对于开往关中五市的高排放量货运车、长途汽车，应规划统一的集中停放地。

转变关中城市群经济发展方式，优化能源结构。在关中地区频繁的雾霾天气产生的原因中，能源工业企业具有不可推卸的责任。2017 年，关中地区二氧化硫、氮氧化物排放强度分别是全国平均水平的 3.9 倍、3.6 倍。过去只重视快速的经济发展和奉行"唯 GDP"论，在追求经济高速增长的过程中形成了粗放型的经济增长模式，忽略了对生态环境的保护，仅仅依靠工业产值快速增长来带动经济发展水平提高的粗放式经济增长模式已经不再适用。"高消耗、低效益"的工业发展模式不利于经济的长远健康发展，也会对人的身体健康造成危害。因此，关中城市群需调整区域内产业布局，优化能源结构，促进能源工业企业的产业链升级，发展以服务业为主的第三产业并逐步降低重化工业在关中城市群经济发展中的比重。

（一）推动产业布局优化

一方面，关中城市群的核心区域内禁止新建、改建以煤炭为燃料进行发电、集中供热和热电联产的项目，禁止新建、扩建能源化工、钢铁、水泥、煤炭、焦化工程，削减煤炭消费总量，加强节煤改造，严控新增燃煤项目，严格控制高能耗、高污染企业的新建能力，增加审批难度；另一方面，制定区域内高耗能、高排放行业企业的退出方案，对于那些已经建成并投产的高能耗、高污染企业，率先关停搬迁位于关中核心区的企业。此外，也要对一些过剩产能进行必要的压缩，加快淘汰落后产能，通过制定法规政策遏制重污染企业和能源化工企业规模的扩大与高耗能产品产量的增加。同时，鼓励这些企业加大自主研发投入的力度，坚持科技创新，优化产业结构，多使用环保材料，开发新技术和新产品，建设绿色企业，向价值链的高端环节发展，从而达到节能减排、降低污染的目的。

推动清洁生产产业发展。清洁生产是指以节约资源和提高资源利用率为目标，追求少消耗、少排放来减少环境污染，同时获得社会经济效益最大化的生产模式，是企业为了达到生产标准而采取的有效手段。清洁生产可以帮助企业淘汰落后产能，生产出各类节能环保产品。目前，关中城市群范围内的各地方政府对清洁生产理念的认识还远远不够，因此要加强清洁生产理念的宣传，将清洁生产理念贯穿到各个领域，还要加快完善清洁生产企业的相关法规，使清洁生产产业的管理有法可依、有章可循。同时，政府应该加大财政支持力度，为进行清洁生产的产业提供资金支持，并鼓励社会资本对该产业进行投资，帮助企业培养和引进清洁生产类技术人才，带动企业实现转型升级，加强对从事清洁生产类人员的培训，提升企业清洁生产的管理水平和综合能力（刘铮等，2018）。

（二）推进能源结构升级

关中各市政府应统一新能源发展规划，鼓励使用清洁能源，提高能源利用效率和能源清洁技术优化能源供应结构，促进企业与居民生活能源消耗的绿色化方向，通过给新能源企业提供资金支持，以及适当简化环保型企业进行扩大再生产时的建设审批程序来促进环保型企业的发展，转变产业结构中重化工业占比过高的现状。另外，各市政府还应大力推动具有低能耗特点的第三产业的发展，发挥关中地区历史文化资源的优势，促进关中休闲文化旅游产业的发展。

此外，高新技术也可以在雾霾治理上发挥重要作用，例如推动高标号汽油的使用。首先，政府可以增加对高新技术开发的奖励，并予以相关政策支持、注重专利技术保护等市场监管职责，同时设立高校及科研单位的联合课题基金等，有效监督，定期考核，确保资源合理配置。其次，加大对各类环保产品的宣传力度，制定相关的优惠政策，吸引企业生产、使用环保产品，充分调动各主体的积极性，尽快转化高科技、实验室成果。最后，地方政府可以引入专业的治理团队，合理分配财政资金，提高投入资金的利用率，避免造成浪费。

三、鼓励绿色金融产品和服务创新

围绕灵活运用投融资机制和丰富环境权益交易的主线思路健全环境治理金融政策。活化投融资机制方面：

（1）创建政府投融资平台，整合环保部门现有事业单位技术资源和分散在省级各部门的各种环保类投资，组建环境保护投资公司，设立绿色发展基金、大气污染防治基金。

（2）开发绿色金融产品，进行金融服务创新，支持符合条件的金融机构和企业发行绿色债券，并为其创造交易环境，为支持生态修复、污染治理、发展绿色产业等领域积极募集资金；支持证券期货经营机构围绕绿色发展，开发绿色投资产品，满足绿色产业投融资需求；推动环境污染责任保险发展，在环境高风险领域研究建立环境污染强制责任保险制度，支持并引导保险机构创新绿色保险产品和服务。

（3）完善绿色投融资模式，利用政府和社会资本合作（PPP）模式扩大绿色投资，推动绿色项目PPP资产证券化；鼓励发展重大环保装备融资租赁；探索将生态系统服务提供的生态产品价值进行抵质押融资。

丰富环境权益交易方面，一方面，以"排污权"为关键词，大力推进排污权交易，严格落实排污许可证制度，对排污权出让模式进行更清晰的规定，增强排污权交易的治理；探索开展跨市（州）行政区域的排污权交易，推动开展排污权交易试点工作，逐步建立排污权交易市场。另一方面，探索自然生态资源权益交易，推动市县开展自然资源负债表编制工作，全面摸清生态家底并建立自然资源实物量账户；开展自然资源统一确权登记，清晰界定各类自然生态资源资产的产权主体权力；统筹推进自然生态资源资产交易平台和服务体系建设。同时，深化用能权交易，做好用能权交易规则及交易流程优化，逐步扩大纳入用能权交易行业范围。加快推动碳排放权交易，积极参与全国碳排放权交易市场建设，建设辐射西部的全国碳市场能力建设中心（顾城天、刘冬梅，2020）。

第五节　关中城市群治污减霾防控联动机制的公众参与机制

大气污染问题是关中城市群地区现阶段急需解决的最重要的环境问题，大气时时刻刻都处于流动状态，大气污染的形式主要是区域性和复合型，这就意味着大气治理是一个长期的且需要各地区协同合作的过程，每个地区都不能懈怠，如果有一个地区恢复了污染，那么整个城市群的治理都会功亏一篑。为了解决这个问题，关中城市群提出了大气污染联防联控的概念。大气污染联防联控机制已经被普遍认为是大气污染防治的重要法宝，要想解决大气污染问题，改善大气状况，就必须进行联防联控。因此，关于大气污染联防联控机制的研究就极具现实意义，但目前社会各界研究大气污染联防联控的角度大多是从政府治理的角度进行分析的，而忽略了社会公众这一重要主体。大气污染问题如果得不到及时有效的解决，将会危及身处社会环境中的每一个个体，所以，大气污染问题是关乎每个个体的现实问题，每个人都不能置身事外。

研究并完善关中城市群大气污染联防联控的公众参与机制，对帮助扩大并巩固大气污染联防联控统一战线有重大作用。我国行政管理、地方性法规、法律等诸多方面，都体现了大气污染联防联控机制。从社会管理到社会治理，从以政府为主体的单中心治理模式到以政府、企业、社会公众为主体的多中心协作制度转变的过程中，关中城市群治污减霾行动取得了突破性进展，充分体现了社会参与大气污染联防联控的必要性与科学性。

公众参与和社会参与是两个各不相同又相互交叉的概念。社会参与强调社会主体形成"合力"，强调不同社会主体发挥不同的作用，社会参与的内容更加广泛。公众参与是一种有计划的行动，它通过政府部门和公众之间的双向交流，使公民参与决策并防范化解公民和政府机构之间、开发单位之间、公民与公民之间的冲突。公众参与可以使受影响区域的公众更及时地了解相关信息，并通过正规渠道提出自己的意见，参与决策和监督，同时可以帮助政府提高各种政策的公众可接受度，减少或者消除企业建设项目的阻力。适当地引入非政府组织和社会公众参与监督，可以发挥其作为中间人的优势，将政府政策和各项法规的深层次含义传递给其他社会组织和团体，使其协助政府工作以兼顾公平与效率（万将军、唐喆，2015）。

一、强化公众参与治污减霾的意识

尽管近年来出台的多项关于治污减霾的法律法规都提及了公众参与这一要点，社会公众对于治污减霾的关注度和接受度也在逐渐升高，但在治污减霾过程中仍然存在许多问题。例如，公众参与意识薄弱，对相关法律法规不够了解，不能充分应用法律手段参与大气治理，对自身的责任和义务不够明确，对政府依赖程度很高，没有有效接收政府的相关普及与宣传，这些问题在很大程度上制约了公众参与作用的发挥（魏巍贤、马喜立，2015）。

要想进一步提高公众参与治污减霾的意识，首要的是各级政府要转变思想观念。推动公众参与环境保护，是党和国家的明确要求。党的十八大报告明确提出，要扩大公众参与，改进政府提供公共服务方式，引导社会组织健康有序发展，充分发挥群众参与社会管理的基础作用。这些要求具有极其深刻而长远的指导意义。首先，要转变传统的以政府为中心的单中心管理观念，转向公众参与的多元化管理模式。政府充当多元化管理模式中宏观框架的制定者角色，为个体参与者制定行为准则。其次，充分发挥政府的各项职能，运用法律、政策等手段为公共事务处理提供便利，为公众参与提供必要的环境。最后，引导公众培养参与治污减霾的意识，社会公众在享受经济发展成果的同时，要发挥创造性和自觉性参与治污减霾，学习环保知识，提高公众和环保社会组织自觉自愿、共同营造绿色生活，同时肩负起对政府、企业大气污染政策实施情况进行有效监督的觉悟。只有各个主体形成既相互独立，又相互配合、相互补充的有机整体，才能真正推动大气环境质量改善。

《环境保护法》第六条明确规定："一切单位和个人都有保护环境的义务"，"公民应当增强环保意识，采取低碳、节俭的生活方式，自觉履行环境保护的义务"。这就意味着全民环保的时代不久就会来临，个人的减排行为不再是受主观意志决定的自愿活动，而是必须承担的社会责任，是每个人都应该履行的法律义务，公众在监督政府和企业的同时，也要进行自我监督，将监督与参与有机结合。政府要面向公众进行环保宣传，提高公民的环境意识、法制观念，明确每个公民都对保护大气环境负有责任，使社会成员以主人翁的姿态自觉践行公民的权利和义务，提高个体保护环境的自觉性。

二、完善社会监督制度

各国政府一直很重视将社会监督作为治理国家的一种重要方式。在治污减霾强监管的大背景下，推动健全关中城市群治污减霾社会监督体制机制，充分发挥社会监督在关中城市群治污减霾工作中的作用，对推动关中城市群治污减霾事业的发展有重要意义。为更好地调动各社会主体的监督积极性，必须从政府层面高度重视治污减霾社会监督制度的完善。

（1）加强构建环境信息公开机制。除了法律法规规定的不得公开的环境信息以外，各部门应该自觉主动地公开环境信息，为公众准确全面地获取环境管理信息和环境质量信息创造条件。同时推行企业环境信息公开制，定期公开重点污染企业污染物排放情况，监督企业公开污染物排放监测信息。

（2）加强构建平等的对话协商机制。如环境决策民意调查制、专家论证会制、公众参与环境影响评价机制、公众举报机制、公益诉讼制度等，进行平等协商、平等对话，协调各方意见和主张。我国生态环境行业大多建立了涵盖信息公开、听证会、论证会、征求意见、电话举报、网上举报等多位一体的交流体系，拓展了社会监督渠道，增加了公众参与监督的途径。就治污减霾工作而言，应在现有公众参与渠道的基础上，进一步创新参与方式，才能真正发挥治污减霾社会监督的作用。坚持传统方法与现代手段多渠道共存，强调应用信息化手段，既涵盖上下联动，又考虑到群众参与，重点按照统一开发、分级布设、信息共享的原则，建立健全治污减霾社会监督的渠道。

（3）借鉴生态环保、公共安全等其他行业的经验，设立关中城市群统一的治污减霾社会监督热线电话。依据属地上报原则，社会组织和个人根据事件的发生地点，向辖区热线电话指挥中心举报涉及治污减霾违法违规问题。

（4）运用大数据、移动互联网、云计算等技术手段，建立行政主管部门分级布设、互联互通、分级授权、信息共享的治污减霾社会监督平台，力争实现信息上报、信息核实、信息处置、结果反馈等治污减霾社会监督全流程公开和治污减霾社会监督事项动态管理的模式。可由各地政府统一组织开发、推广治污减霾社会监督 APP，方便群众随时对发现的各类违法违规行为进行在线举报。根据属地管理、分级负责原则，重点完善信息受理、信息处置、信息反馈职责与工作程序，及时对监督举报信息进行处置并进行有效反馈（李肇桀等，2020）。

三、引导行业协会的发展，发挥导向作用

社会环保组织作为我国环境保护中的一个重要角色，在进行环保宣传、开展污染预防活动、协助经济社会绿色发展等方面做出了极大贡献，其良性发展对于环境治理现代化以及美丽中国建设具有重要意义。但目前关中城市群地区非政府环保组织的发展比较滞后，并且其工作内容主要体现在对治污减霾行动的宣传和倡导上，很少有更深层次的参与。政府也缺乏具体措施引导各种环保组织和行业协会的发展，仅仅只是持一个支持的态度，导致各种民间组织没有充分发挥其优势和作用。

社会环保组织有很强的组织能力，在政府的某些决策上有一定的话语权，它解决了社会个体过于分散而导致的力量薄弱且不集中、参与积极性不高、个体环保知识水平参差不齐的问题，与公众密切沟通，倾听每一个有价值的声音，了解个体的建议和诉求，将分散的力量整合在一起，将个人行为结合成集体行动。由于政府很难与公众进行频繁的对话，环保组织可以充当公众与政府之间沟通的桥梁，将公众的声音传递给政府，再将政府的决策反馈给公众，从而使政府的各项决策更贴合群众。环保组织还可以发挥一定的监督作用，通过走访企业、制造舆论等形式对企业和政府进行监督，这种监督不仅包括对企业的经济行为进行监督，对政府提供公共资源的职能进行监督，还包括对其自身

的监督。如今，社会环保组织已经成为公众参与环境保护的一个重要形式。换言之，社会环保组织的发展程度已经从根本上反映和决定着该地区公众参与环境保护的水平。

随着社会环保组织的发展日趋正规化，他们的声音逐渐被更多人听到，其影响力也越来越大，这就需要政府出台相关法规政策对社会环保组织的发展和运行进行支持、引导和规范。一是在法律和政策上鼓励公众积极参与建立和发展社会环保组织，吸引更多的人参与到环境保护中，为公众参与提供可靠的组织保障，建立公众参与的社会基础；二是政府对社会组织进行项目资助、购买服务等形式保证社会环保组织有可靠资金来源去支撑环保工作的开展；三是对社会环保组织及其成员进行专业培训，提升其公益服务意识、服务能力和服务水平，使他们成为公众参与的中坚力量；四是实现社会环保组织与行政机关真正脱钩，厘清行政机关和社会组织的职能边界。政府将属于社会组织的职能交还给社会组织，社会环保组织去行政化，做到政社分开，真正成为群众的组织。

第八章　发达地区治污减霾防控联动机制状况

本章以发达地区大气污染治理案件为例，具体阐述环境治理中政府、企业、公众三方参与实施的路径，基于典型案例剖析雾霾治理中如何有效实现防控联动机制，为推进关中城市群治污减霾防控联动机制创新提供思路方法。

第一节　京津冀及周边地区大气污染防治协作

一、治理背景

2013年以来，中国雾霾现象频频发生，雾霾污染给公众健康和社会经济发展带来巨大危害，空气质量恶化造成的经济损失占中国 GDP 的 1%~8%。作为我国"首都经济圈"，京津冀地区包括北京、天津和河北的保定、唐山、廊坊、衡水等11个地级市以及2个省直管市。综合地缘人缘、文化历史等因素，其渊源深厚，整体而言能够相互融合、协同发展，与经济一体化相伴而生的是环境一体化，京津冀城市群作为国家层面具有重要战略地位的城市群，却是中国雾霾污染最为严重的区域。因高污染行业过度集中，该区域大气污染现象无论是从发生频率还是污染严重性来看，都是较为棘手的。多年来，京津冀及其周边地区饱受雾霾问题困扰，俨然成为全国"雾霾重灾区"，也是中国大气污染防治的主战场。

作为我国雾霾重灾区，在历年全国城市环境质量排名中，京津冀及其周边区域大多排名靠后，这与地域地形、产业结构均有所关联。机动车尾气排放、产业燃煤污染、工业扬尘废气等环境问题，带来远超标准的污染排放量。另外，京津冀地区三面环山的地形使得大气污染物易进难出，堆积于此，当地污染与外来污染长期积累难以扩散，最终诱发雾霾问题。

环境空气质量综合指数是描述城市环境空气质量综合状况的无量纲指数，是在综合考虑 SO_2、NO_2、$PM10$、$PM2.5$、CO、O_3 六项污染物污染程度后得出的数据，环境空气质量综合指数数值越大表明综合污染程度越重。如表 8-1 所示，根据中国环境监测总站发布的《2013 年 12 月 74 个城市空气质量状况报告》，在空气质量较差的前 10 个城市中，京津冀及其周边地区占据 6 席。

表 8-1　2013 年 12 月城市空气质量综合指数

序号	城市	环境空气质量综合指数
1	邢台	12.00
2	石家庄	11.22
3	邯郸	9.06
4	保定	8.80
5	衡水	8.57
6	西安	8.00
7	唐山	6.93
8	淮安	6.93
9	南京	6.62
10	武汉	6.60

资料来源：《2013 年 12 月 74 个城市空气质量状况报告》。

党中央、国务院高度重视京津冀区域大气污染治理工作，在国务院指导下，京津冀及周边地区成立大气污染防治协作小组，各地各部门按照"责任共担、信息共享、协商统筹、联防联控"的原则，不断深化区域大气污染防治协作机制。

二、治理方法

PM2.5 是引起雾霾的主要污染物，依据绿色和平与英国利兹大学研究团队于 2013 年底发布的《雾霾真相——京津冀地区 PM2.5 污染解析及减排策略研究》报告显示，燃煤发电是京津冀地区产生 PM2.5 排放量最大的单一工业源，北京交通行业产生的 PM2.5 远高于津冀，而津冀两地在钢铁等工业生产中所带来的 PM2.5 明显高于北京。其中，河北的问题尤为突出，因其主要产业多集中于高耗能的资源型行业，煤炭在能源消耗总量中所占比重较高。据统计，河北 2013 年能源消费总量高达 3.02 亿吨标准煤，其中煤炭消费 2.71 亿吨，占能源消费总量的 89.6%，高于全国平均水平近 20 个百分点。2013 年，全省由此带来的氮氧化物高达 176.1 万吨，而二氧化硫排放量达 134.1 万吨，分别居全国第一位和第三位。报告数据显示，燃煤对雾霾的影响，占一次 PM2.5 颗粒物排放的 25%，对二氧化硫和氮氧化物的影响分别达 82% 和 47%。从行业来看，煤电厂、钢铁厂、水泥厂等工业排放源则是京津冀地区的主要污染源。

（1）密切关注大气环境质量，建立健全污染治理联动机制。为改善环境质量、治理大气污染，京津冀地区开始将 PM2.5 纳入空气质量监测范围，对过剩产能进行大规模压减行动，组建环保警察队伍，把环境污染治理纳入京津冀协同发展框架，实施新版《环境保护法》。积极应对大气污染问题，为提高治理效率，京津冀及其周边地区成立协作机构及区域大气污染防治专家委员会，三地政府间签订大气污染防治合作协议。2014 年，北京牵头建设覆盖京津冀及山西、内蒙古、山东六省区市的空气质量预报预警会商平台，积极推进京津冀区域建成空气质量监测网络，并实时共享空气质量监测信息，实现六省区市环境监测部门视频会商。APEC 会议期间，区域空气质量预报会商为保障会议期间空气质量提供良好的技术支撑。APEC 会议后，京津冀三地陆续开展 5 次重污染天气预警会商。同时，三地积极研究构建重污染天气治理联动机制，推动建立统一的协调机构，实现重污染天气预警治理应急联动。

（2）推进消费能源转型，严防严控污染源排放。2014 年，国家发展改革委、能源局协调中石油、中石化、神华集团向京津冀区域新增 34.4 亿立方米天然气，用于京津冀地区"煤改气"，供应 1080 万吨优质民用散煤。2015 年，北京支持廊坊、保定 4.6 亿元（各 2.3 亿元），淘汰 10 吨以下小燃煤锅炉约 3600 蒸吨，治理大锅炉约 3400 蒸吨，减少燃煤 77 万吨，廊坊基本完成小区燃煤锅炉淘汰和市区大型燃煤锅炉深度治理；保定完成市区 50% 小锅炉淘汰以及 30% 大锅炉治理；京津冀三地政府共同部署开展区域秸秆禁烧联合行动；建立全国首个跨区域机动车排放污染监管协调机制，开展机动车尾气超标异地处罚等工作。

（3）出台政策文件指导，提供污染治理保障。协作小组办公室成员、有关部委陆续出台保障京津冀区域天然气稳定供应、成品油质量升级、机动车污染防治、电力钢铁水泥等重点行业限期治理、散煤清洁化、秸秆综合利用和禁烧、新能源车推广应用等政策文件，如《关于建立保障天然气稳定供应长效机制若干意见》《能源行业加强大气污染防治工作方案》《大气污染防治成品油质量升级行动计划》《京津冀公交等公共服务领域新能源汽车推广工作方案》《京津冀及周边地区重点行业大气污染限期治理方案》等，为区域大气污染治理提供政策保障。

三、治理结果

2014 年以来，京津冀三地共压减燃煤 2000 万吨，完成优质煤替代劣质散煤 390 万吨；淘汰老旧车、黄标车 130 万辆；实现 777 个火电、水泥、钢铁等重点行业脱硫、脱硝、除尘工程。2015 年上半年，京津冀三地实现压减燃煤 1021 万吨，水泥产能 150 万吨，平板玻璃 300 万重量箱；推广应用新能源车 2.21 万辆，京津已全部淘汰黄标车；区域七省区市共完成老旧车、黄标车淘汰 62.4 万辆，完成燃煤发电机组超低排放升级改造 1595 万千瓦。对于颗粒型污染物的治理，尤其是 PM2.5 的治理，以源头控制为导向，结合燃烧后的除尘技术，以防为主，防治结合，综合治理，降低区域性粉尘的排放量，达到国家排放标准，彻底改善大气环境质量。

根据中国生态环境状况公报以及京津冀三地环境状况公报等资料显示，京津冀及其周边地区大气环境逐步改善。截至 2019 年，京津冀及其周边地区城市优良天数比例范围为 41.1%~65.8%，平均为 53.1%。其中，16 个城市优良天数比例在 50%~80%、12 个城市优良天数比例低于 50%；平均超标天数比例为 46.9%。其中，轻度污染为 32.1%、中度污染为 9.4%、重度污染为 4.9%、严重污染为 0.6%，以 O_3、PM2.5、PM10 和 NO_2 为首要污染物的超标天数分别占总超标天数的 48.2%、42.9%、8.9% 和 0.2%，未出现以 SO_2 和 CO 为首要污染物的超标天。2019 年，京津冀 PM2.5 平均浓度为 57 微克/立方米，比 2013 年下降 46.2%。如图 8-1 所示，其主要污染物浓度大致呈现下降态势。总体而言，京津冀环境保护政策起到一定的作用，环境治理措施的落地实施有所效果。

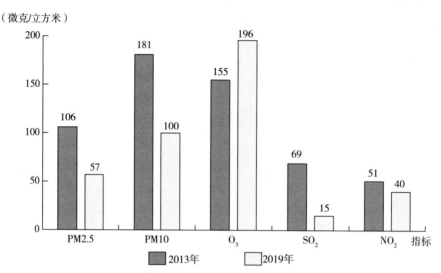

图 8-1　2013 年及 2019 年京津冀地区污染物浓度变化对比

资料来源：《2013 年中国环境状况公报》《2019 年中国生态环境状况公报》。

四、经验总结

（1）完善法律法规制度，构建信息共享平台。京津冀三地地方政府立足国家政策指导，致力于构建治污减霾防控联动机制，进一步完善环境保护法律制度，构建信息共享平台。雾霾信息的实时传输对于雾霾治理具有关键作用，雾霾信息共享机制的构建和完善，有助于提高治污减霾措施的落地实施。

（2）打破行政管辖限制，建立防控联动机制。京津冀及其周边地区通过打破地区"行政管辖"、利益保护等壁垒，突破各自为政的思想观念，部门机构间建立联动防控机制以保证治污减霾措施的实施，政府各部门主动发挥积极性，明确单位职责任务，确保政府间部门基于同一政策目标基础协力达成防治工作，实现环境治理，同时避免因职责划分不明、工作推诿懈怠造成政策措施难以落实。

（3）树立合作共赢思想，正确认识治理问题。三地政府机构能够树立合作共赢思想，正确认识三方利益在雾霾污染治理中是相互影响、相互作用的，并着力改变各方争夺的零和游戏心态，加强政府间协调治理动力。同时，主动引导地方政府树立"生态政府"的理念，实现经济发展与环境保护相结合，基于协作共享理念构建京津冀地区及其周边地区协作治理主体的多维协作关系，打破传统行政区划的限制，杜绝单个政府"搭便车"现象，致力于构建有效互动的治理网络，达成京津冀地区及其周边地区共同治理的共识，由此激励地方政府在治污减霾中通力协作、积极应对。完善有关政策的联防联控制度，在构建雾霾治理防控联动机制中取得一定成果。

第二节　江苏省政府推进治污减霾行动落实实施

一、治理背景

2013 年以来，雾霾席卷大半个中国，污染物大量排放是造成雾霾天气的关键因素，污染物排放越多，雾霾天气出现的频率越高，当空气质量为中度污染时，雾霾出现频率可达 75%。随着中国城市化进程朝着集群化方向发展，形成长江三角洲、珠江三角洲、环渤海三大城市带。大规模城市化导致雾霾日数增加，伴随着工业化、城市化和机动车保有量的迅速发展，污染物排放量的迅速增长使得雾霾现象日趋严重，已逐渐成为一种灾害性天气。

长江三角洲城市带是中国城镇最为密集、城市化水平最高的地区之一，同时也是中国东部大气污染最严重的地区之一，大量消费煤炭排放的 SO_2 等污染性气体成为区域主要污染物，大气污染逐渐呈现区域性、复合型特征。江苏苏南地区是长江三角洲城市化的核心地带，1978~2008 年江苏沿江城市带城镇面积扩大了 2.5 倍，伴随经济高速发展而来的是严峻的大气污染问题。在大量土地被工业化占用、植被减少、民用汽车保有量迅猛增加的背景下，江苏地区大气污染形势日益严峻。

据国家气象局数据显示，江苏作为全国最严重的雾霾污染重灾区之一，2013 年 1 月全国雾霾平均日数为 4.4 天，江苏为 23.9 天，领跑全国；2 月江苏平均雾霾日数为 13.7 天，超过全国平均值 11.1 天，仍居全国第一；12 月江苏更是频现雾霾天，空气质量明显下降，多市空气质量处于严重污染级别，PM2.5 小时浓度范围最高达到 446 微克/立方米；另据统计，省会南京 2013 年雾霾日数更是高达 259 天，为有气象统计以来的最高值。

二、治理方法

（1）加大财税扶持力度，合理利用经济杠杆。财税补贴政策是激励和引导能源消费结构和消费习惯的有效手段，江苏为实现大气环境治理，积极推行污染治理财税政策，着力完善相关补贴措施，包括调整健全相关税费、税收优惠政策，完善价格机制，建立奖惩机制，加大惩罚力度，扩大财政补贴支持等。如企业引进环保技术设备可免征关税，以优惠政策鼓励企业引进先进技术装备，提高节能减排技术；对于资源综合利用企业及产品免征或即征即退增值税、合同能源管理推行减免税、节能节水环保设备投资实行抵免税、节能减排技术改造实行"三免三减半"等。

（2）增加环境污染成本，扩大环保补贴范围。政府提高排污费和征收标准，扩大扬尘排污费征收范围，并提高扬尘排污费、废气排污费征收标准；扩大垃圾处理收费范围，完善垃圾处理收费方式；提高车船税，对城市公共交通车、农村公共交通车暂免征收车船税；对农作物稻秆运输车船免收过路过桥费等；对购置公共汽（电）车、新能源汽车的城市公共交通企业免征车辆购置税；对公共交通基础设施免征基础设施配套费、绿化补偿费、城市道路占用挖掘费等相关税费；对符合节能环保的相关企业项目，免征相关建设类政府性、基金行政事业性收费。

（3）实行差别电价征收标准，淘汰更换落后产能设备。江苏省政府坚持推行差别电价和惩罚性电价政策，加大差别电价和惩罚性电价实施力度。实施居民差别电价，生活用天然气阶梯价格，并逐步提高相关的差别幅度。其中，对于超过限额的个人、企业实行惩罚性电价；对使用空压机、变压器等国家明令淘汰的设备的企业实施淘汰类差别电价；对水泥熟料生产企业、电解铅企业等其他高耗能行业，以及产能过剩行业实行差别化电价；鼓励燃煤发电企业进行改造，更新使用节能环保设备，落实燃煤发电机组环保电价政策，落实燃煤电厂脱硫、脱硝、除尘电价政策；对运营新能源公交车、公共电车、城市轨道交通等清洁交通工具的企业实行电价优惠。

（4）建立奖惩机制，加大惩罚力度。政府制定扬尘治理措施监管使用办法，建立奖惩机制，按照省核定标准投资的15%~20%标准对非电力行业进行脱硫、脱硝、除尘提标改造的工程进行相应奖励补贴；鼓励企业提前淘汰相对落后的低端、低效产能。建立节能环保标准机制，以相关机制倒逼过剩产能退出行业，同时加大节能环保执法力度；大力增加公共财政在工业循环经济、节约能源、环境保护和生态建设等方面的投入力度，落实合同能源管理财政奖励资金制度。

（5）落实政府财政补贴政策，建立排污权有偿交易制度。政府不断加大财政补贴力度，对正常运行、脱硫效率达到国家排放标准的给予脱硫电价补贴；试点推行燃煤发电机组超低排放补贴政策；按照"企业承担为主、政府适当补助"的原则，制定全省各地区锅炉整治补贴政策；加大非电力行业治污资金补助力度；城市公共交通行业成品油价格补贴政策。实行碳排放权、节能量和排污权交易制度，从 2013 年起，江苏在玻璃、电力、水泥、钢铁、石化等行业开展二氧化硫排污权有偿使用和交易。对设立排污指标、碳排放交易市场进行探索，培育一批第三方核证机构，研究开发与碳资产、碳交易有关的金融衍生品，同时建立健全排污权、节能量和碳排放权交易和有偿使用的相关制度。

三、治理结果

截至 2020 年上半年，江苏全省环境空气质量同比持续改善。空气质量平均优良天数比率为 78.7%，同比上升 12.7 个百分点；PM2.5 平均浓度为 41 微克/立方米，同比下降 19.6%。全省 13 个设区市环境空气质量优良天数比率在 64.8%~86.8%。

全省环境空气中 PM2.5 浓度均处于 34~53 微克/立方米，全省平均浓度为 41 微克/立方米；PM10 浓度处于 50~84 微克/立方米，平均为 61 微克/立方米；O_3 平均浓度为 168 微克/立方米；SO_2 浓度处于 4~10 微克/立方米，平均为 7 微克/立方米；NO_2 浓度处于 19~35 微克/立方米，平均为 27 微克/立方米；CO 平均浓度为 1.1 微克/立方米。与 2019 年同期相比，PM2.5、PM10、SO_2、NO_2、CO 和 O_3 浓度均有不同程度下降，分别下降 19.6%、23.8%、30.0%、22.9%、15.4% 和 7.2%。全省环境空气质量优良天数比率为 71.4%，达到国家考核目标要求，13 市优良天数比率在 59.2%~80.8%。

如表 8-2 所示，与 2013 年相比，2019 年江苏全年主要污染物中颗粒物、SO_2、NO_2、CO 等浓度有所下降，O_3 浓度同比有所上升。在过去的几年间，江苏通过实施一系列环境治理措施，在生态环境保护和大气污染治理方面取得显著成效，环境质量明显改善，江苏在实现经济发展的同时，不忘环境治理，积极出台扶持政策，鼓励企业提升治污能力，切实解决治理难题，努力实现生态环境保护和经济社会发展双赢。

表 8-2　江苏省 2013 年、2019 年主要污染物浓度对比

单位：微克/立方米

	2013 年	2019 年
PM2.5	73	43
PM10	115	70
SO_2	35	9
NO_2	41	34
CO	2.1	1.2
O_3	139	173

资料来源：《2013 年度江苏省生态环境状况公报》《2019 年度江苏省生态环境状况公报》。

四、经验总结

（1）宏观政策引导，经济手段辅行。回顾江苏治理历程可见，政府对于雾霾治理的措施多为宏观层面，通过对引起雾霾污染的问题源进行深究分析，具有针对性地发布指导意见，其经济手段主要集中在通过调整相关税费及财政政策等方面，税收作为政府实现宏观调控的重要工具，通过税收政策直接影响市场价格体系实现供需调节和市场平衡，在治污减霾行动中，税收调节也是治理雾霾的重要经济手段之一，利用税收的杠杆效应可以有效调控我国能源消费、优化消费结构，以此对企业和个人行为进行引导。

政府通过对企业、个人的污染行为进行惩罚，以经济手段制约非理性的环境污染行为。此外，不断强化财税金融支持，通过补贴、政府投入等引导新技术开发和新能源使用，淘汰落后产能；建立健全碳排放权、节能量和排污权交易制度等，不断丰富环境治理形式，推动实现环境保护。

（2）发挥政府行为带头作用，推动行业经济良性发展。政府作为公共利益的代表，其行为代表符合公众利益的理性选择。因此，政府行为在社会生活中也是很重要的一部分，一定程度上，政府行为代表一种政策方向，在雾霾治理中，政府制定政策并监督实施，使更多企业投入治污减霾行动中，推动企业

向着低能耗低污染行业转型发展，调整产业结构。政府的权威性和引导性，促使企业改善自身技术，投入环保生产行列，推动整个产业良性循环，进而减少污染物的排放，缓解大气环境压力，降低雾霾天气出现的频率，最终实现治污减霾的终极目标。

第三节　深圳宝安探索"共享车间"新模式

一、治理背景

随着经济社会发展，人民生活质量明显提升，私家汽车逐渐进入千家万户，而汽车修理作为配套服务业，也在逐渐发展壮大。汽车使用中难免出现剐蹭问题，汽车修理厂为顾客提供漆面修复服务时，常采用喷涂涂料。喷涂涂料通常由成膜物质树脂、填料、助剂和溶剂四部分构成，其中溶剂多采用酮类、醇类、醚脂类等物质。从环保角度来说，油漆分为水性油漆与溶剂型油漆，与水性油漆比，溶剂型油漆在使用过程中会挥发产生较多废气，对环境产生的污染较大。喷涂漆过程中产生大量可挥发性有机物排放，如果不经过处理直接排放，不仅危害居民身体健康，还会产生光化学污染，更是造成雾霾、臭氧污染等大气污染的"元凶"之一。由于技术所限、价格问题以及市场需求，溶剂型油漆和稀释剂仍然是我国机械喷涂业采用的主要原料。

深圳宝安区汽修企业有近千家，约占全市28%，零散分布在10多个街道。近年来，宝安区不断加强对汽修店违规排放的监管与处罚力度，2019年查处多起案件。但由于国家对喷涂工艺技术要求较高，环保设备改造所需投入资金较大，部分汽修企业无法达到环境标准，未批先建、废气扰民等环境违法行为时有发生。部分居民曾向记者反映，居民楼下临街的汽修厂喷漆时所产生的废气直接向小区排放，油漆味道难闻刺鼻，为阻隔污染废气，小区居民极少开窗，周围居民生活遭受严重影响。但同时，汽修店主表示，虽有意整改修缮却无力支付高额的费用。据了解，汽修店大多是规模较小、资金匮乏，缺少专业环保人才的中小企业。

深圳市生态环境局宝安管理局曾表示，以处罚和惩治进行环境监管已不是如今绿色发展形势下的主要手段，政府更应该思考如何引导汽修店规范作业，如何创造更加人性化、符合绿色发展的营商环境帮助中小企业更好发展。

二、治理方法

随着"共享单车""共享充电宝"等走进民众的日常生活，"共享经济"已成为一种新型经济发展模式，该种经济模式使得个体闲置资源得到最大的社会化利用，极大降低沉没成本。宝安管理局受此启发开始思考，环境保护是否也能"共享"？"共享经济"能否为宝安区汽修企业污染难题提供新出路？

为加强汽修行业管理，减少喷涂工艺对大气环境的污染，广东深圳宝安区创新举措，推出汽修行业喷涂工艺"共享车间"，率先打造绿色集约化的汽修喷涂新模式，实现从源头、过程、末端有效减少汽修行业挥发性有机物排放，推动汽修行业绿色发展。经过前期认真研究探索，2019年12月首个占地3000平方米的两层"共享车间"在新桥街道正式挂牌营业。该车间由政府推动，企业投资，集中为区域范围内中小型汽修企业提供喷涂服务和相关技术服务支持。

"共享车间"充分发挥"共享"优势，使众多中小型汽修企业既能达到废气排放标准，又不必承担过高费用。相关负责人表示，汽修喷漆废气处理设备昂贵、技术要求较高，需求数量较大，由经济实力相对较弱的中小汽修企业独自承建相关设施，不仅面临巨大的资金压力，而且所排放的废气基本无法达到环境治理要求。"共享车间"提供的技术服务支持，可有效解决汽修企业环境技术问题和资金缺口难题。据介绍，"共享车间"采用催化燃烧处理技术，并引进相关大型设备，能有效处理多种挥发性有机物废气，净化效率较高、反应充分，无二次污染产生。"共享车间"全面开展涂料的水性改造和使用，其中底色漆完全使用低挥发性有机物含量涂料，有效从源头上减少挥发性有机物排放。同时，实现远程监控、实时监管，车间内均安装24小时在线监控设备，并将数据接入智慧环保系统，通过定期检查、远程监控等方式加强监管。"共享车间"进行高标准建设，为汽修企业提供更多服务。不仅对喷漆产生的粉尘、废气进行严格治理，还实现了未开封原材料的安全储存，保证各喷漆工序均在有废气收集治理设施的密闭空间内进行，有效控制每一环节挥发性有机物的排放。

国家在"十三五"规划中对生态保护提出新要求，深圳已开始重点整治服务业污染，汽修行业也在其中，尤其是中小型企业。推进"共享车间"的建设是顺应时代发展的需要，通过集约化经营，环保成本能够显著降低，大型环保设备可以被引入共享车间。同时，通过在汽车维修领域的投入，让共享车间更加具备专业竞争力，让整个汽修喷漆的行业水准得到提高，使得保护环境和行业发展两方面并行不悖。

三、治理结果

"共享车间"实现政府集中管理中小型汽修企业污染排放的目的，从源头控制污染废气排放，将生态环境保护理念落到实处。尽管有着集中管理、源头控制的显著优势，然而进一步深入推进"共享车间"的发展仍不容乐观：最显著的问题是有意愿加入该项目的汽修企业并不踊跃。

制约中小型汽修企业选择"共享车间"的关键因素依旧是成本压力。"共享车间"因严格执行环境要求，按照高品质工艺流程施工，喷漆成本大幅度增加，导致使用该车间的汽修企业失去价格优势，许多汽修企业仍会选择传统的散乱喷漆点，该类喷漆点难以达到环境保护质量要求，但却拥有低廉的价格优势，"劣币驱良币"的情况较为凸显。即使大多数汽修企业愿意支持环境保护，但要支付额外的环保成本却使得汽修企业犹豫不决。此外，制约"共享车间"发展的另一因素是公众对于使用环保喷漆的整体意识仍然不足，大多数车主并不了解环保喷漆。

除此之外，"共享车间"缺少占市场份额相对较大的"事故车业务"。发生事故时，保险公司通常依据销售车险保费的金额决定汽车喷漆的理赔定损价格，而"共享车间"与汽车4S店业务存在较大差异，其没有销售汽车车险的能力，因此难以得到保险公司支持，这导致共享车间基本上失去事故车修理的业务。

四、经验总结

（一）政府积极实行帮扶，营造公平竞争环境

为改善大气环境、治理废气污染，汽修行业可挥发性有机物排放问题应得到重视。要保证"共享车间"生存下去，就要发动汽修企业积极参与其中，既要实现环境治理的目标，又要减轻环境监管部门的工作压力。政府主管部门

应加大扶持力度，包括增加政府补贴，出台相应政策规章，对汽修车厂生产服务设置必要的环保限制，营造更公平的市场竞争环境，加大环保喷漆理念宣传，给予"共享车间"更加显著的广告宣传优势。

积极推动"共享车间"的进一步发展，尽快协调各大保险公司与"共享车间"建立长期有效的合作关系，加快完善将汽修企业"共享车间"纳入专项资金补贴范围的政策，推动制定公务车维修优先选择"共享车间"的条例实施。同时，组织开展汽修行业专项执法，彻底清除无牌无证的"小散乱"企业。

（二）企业主动参与环境治理，坚持环保与发展并重

推进治污减霾防控联动机制的建立，不仅需要政府领导，企业也应积极参与，"政府出台政策，企业积极配合"，做到双管齐下，政府主动参与、科学指导，强化协作意识，从大局把握治理方向，通过对企业提供财政资金激励，推动企业发展绿色产业，积极投资环保行业。财政资金向绿色环保产业发展倾斜，尽可能支持环保类中小企业，对符合条件的环保产业设置优惠条款和帮扶政策。政府与企业签订"绿色合同"，使用财政资金购买环保类服务，以此激励企业发展绿色环保产业、推动行业转型。企业作为治污减霾主体人，主动发挥积极作用，引入社会资本，投身环境治理，坚持发展与环保并重，切实做到环境保护与污染治理并行，建立完善治污减霾防控联动机制，改善大气环境现状。

第九章　陕西地区治污减霾防控联动机制状况

本章以陕西地区治污减霾具体案件为例，从政府间合作的角度出发，分析陕西各地区治污减霾联防联控机制的现状，以及各地区以政府间合作为实施路径进行协同治理的过程，以期为关中地区治污减霾行动提供有效经验。

第一节　渭南"三区"联动防治雾霾

一、治理背景

随着经济社会飞速发展，城市化水平逐渐提高，为适应城市化进程，渭南不断调整产业结构，但在发展过程中因过度重视经济效益而忽视环境问题，导致该市环境治理水平逐年下降，尤其是大气污染问题尤为严重。雾霾现象出现频率高、持续天数长、污染危害大，雾霾严重程度基本属于中度到重度污染，环境污染成为困扰渭南经济社会发展的难题。

为推动经济提速、产业发展，渭南市高新区接连落户众多企业，虽然在一定程度上推动了渭南经济发展，但也使环境污染日益严重。加之原有的大型国有企业渭化集团（陕西渭河煤化工集团有限责任公司）每年排放的废气烟粉尘数以百万吨计，企业为持续生产、降低成本，常将未经处理的废气直接排放，无形中给大气环境治理埋下隐患。渭南周边县市的能源消费结构同样存在问题，各县市多以污染性能源为主要消费来源，如碳、硫、钾等，为实现经济效益、追求发展速度，忽视可能带来的环境问题，这种内耗式发展模式也是导致雾霾产生的原因之一。此外，机动车数量级递增所带来的尾气排放问题，使得烟尘悬浮物、微小颗粒物在城市中大量堆积，最终形成雾霾的沉积源。

为应对渭南雾霾问题，2016年9月，渭南市政府召开大气污染治理专题会议，溯因究底，追踪调查，为采取有效措施净化空气质量，防治大气污染，推动城市经济社会发展，中心城市三区迅速行动，扎实安排，一把手亲自"挂帅"，部署大气污染防治整改各项工作任务，中心城区治污减霾"攻坚战"全面展开。

二、治理方法

（1）部门联动防控，分级落实管理。临渭区政府打响治污减霾"攻坚战"第一枪。2016年9月，渭南市临渭区政府召开会议，专题部署全区大气污染治理工作。会议明确大气污染治理工作中各有关部门的任务及分工要求，区环保局、执法分局、环卫局分别做出表态发言，各政府部门和市区重点工程项目起带头作用，有关部门、街镇切实履行职责，层层加压，夯实责任，对大气污染治理工作不重视、不作为、失职渎职等行为进行严格追究，严肃处理相关部门和责任人。临渭区环保局不断加大环境执法监管力度，依法打击各类环境违法行为，坚决执行《环境保护法》四个配套办法，对生态环境造成不利影响的建设项目一律不予批准，对破坏生态环境的建设项目坚决进行查处，严把建设项目审批关。同时，积极开展秦岭生态环境整治和环境恢复工作。区政府由土地资源管理部门牵头，制定《关于印发临渭区黏土砖厂专项整治行动方案的通知》，对黏土砖厂进行清理整顿，列出关闭清单，于2017年6月前完成停产关闭工作。在环境监督管理方面，临渭区按照"属地监管与分级监管相结合、行业监管与综合监管相结合"的原则，实行"党政同责、一岗双责、部门负责"制，建立环保责任体系及问责制度。全面开展环境网格化监管工作，按照"属地管理、分级负责、条块结合、上下联动"的原则，强化落实相关执法和行业主管部门的环保职能职责，建立以区环保局及相关部门、街镇、村（社区）为主的三级环境网格管理体制，实行分级管理，确保网格化建设人员投入职责到位，实现环境污染监管常态化、信息化。"十三五"时期，临渭区充分发挥环境保护推进发展方式转变的积极作用，不断加大环境保护工作力度，深入推进治污减霾、污染减排、大气防治等工作，严格环境执法监管、推进大气环境治理，着力解决好关系经济社会发展的突出问题，推动形成绿色发展方式，协同推进城市发展和环境保护建设的进程。

（2）成立专项行动小组，实现多管齐下治理。渭南市高新区紧随其后，不断壮大治污减霾队伍。2016 年 9 月，渭南市高新区管委会召开大气污染防治工作专题会议，传达市政府大气污染治理专题会议精神，部署安排高新区大气治理工作。面对重重"霾伏"，高新区迅速成立铁腕治霾专项行动领导小组，召开铁腕治霾专项行动会议，对治污减霾行动进行部署落实，大到重点治污工程，小到城市管理细节，在政策措施的保障下，积极推进大气环境治理。高新区印发《渭南高新区"治污降霾·保卫蓝天"2016 年工作方案》《渭南高新区大气环境综合治理工作方案》《关于进一步分解落实高新区大气污染集中治理工作任务的通知》等相关文件，进一步明确各部门工作职责，增加建立环境污染公共监测预警的机制，对大气污染治理作出针对性规定，形成全区大气污染防治的长效机制。区党工委多次召开专题会议对大气污染防治工作进行安排部署，针对环境突出问题，研究治理工作和改善措施。与此同时，高新区还印发了《全面开展大气环境网格化监管工作实施方案》，建立以区环保局及相关部门、街道办事处、村（社区）为主的三级大气环境网格管理体制，着力改善空气环境质量。高新区铁腕治霾攻坚行动紧紧围绕行动方案，多管齐下、协调联动，做到问题清单化、管理网格化、监管平台化，旨在改善渭南大气环境质量。

（3）完善治污减霾协作体系，建立巡查督办机制。渭南市经开区随即投入其中，完善治污减霾协作体系。2016 年 9 月，渭南市经开区管委会召开住建、环保、市政、综合执法、公安等相关部门参加的大气污染治理工作专题会议。经开区党工委在管委会环境整治专题会议上提出具体要求，加强组织领导，调整改善环境问题综合整治工作小组，按照"党政同责、一岗双责"的要求，不断完善联防联控机制；提高认识，对待环境问题认真分析，建立健全突出问题长效管理机制，全面打响环境整治攻坚战。建立巡查督办机制，整合辖区内综合执法局、土地、环保等行政执法资源，加强区域联合执法，成立专门治污巡查队，检查全区治污减霾工作落实情况。区大气污染治理办公室对全区治污降霾工作实施情况进行全方位跟踪督查，实行治污降霾督办单制度，确保按照市委市政府决策部署，在有限时间内紧抓重点、消灭难点，按时高效完成环境治理各项任务，进一步推进全区治污降霾等环保工作。

（4）加快取暖设施更新改造，着力解决主要污染来源。2018年以来，渭南以冬季清洁取暖改造为主要发力点，加快建设储气设施，基于"宜电则电、宜气则气"原则，全力实施天然气整村推进改造试点工程，2018年共完成煤改气2.8万户，煤改电3.35万户。同时，渭南按用户数制定《清洁煤配送中心建设指南》，规范整合散煤销售企业，建成清洁煤配送中心20个，煤炭配送网点331个，完成217台生产经营类燃气锅炉低氮燃烧改造，拆改燃煤锅炉849台共计829.38蒸吨，2018年全年，渭南没有审批新建燃煤项目，并完成散煤削减170万吨。

三、治理结果

得益于渭南市各区环境治理措施的实施，2018年渭南市中心城区空气质量有效监测天数341天，达标天数达178天（其中优19天，良159天），同比增加13天，优良率52.2%，同比上升13%。2018年渭南秋冬季空气质量优良天数为47天，同比增加9天，优良增加天数排陕西第四。

2019~2020年秋冬季（2019年10月1日~2020年3月31日），全市空气质量整体大幅改善，市区PM2.5浓度为75微克/立方米，同比下降10.7%，重度及以上污染天数16天，同比减少12天，均完成考核目标。

12个县市区PM2.5平均浓度63微克/立方米，同比下降16.4%；重度及以上污染天数平均为9.1天，同比减少11.8天。如表9-1所示，2019年PM2.5浓度最低的3个县依次是澄城、白水、合阳，分别为44微克/立方米、47微克/立方米和50微克/立方米；重污染天数最少的3个县依次是白水、澄城（并列第一）和合阳，分别为1天、1天和3天。从改善幅度看，除蒲城、高新外，其余县市区均完成PM2.5浓度改善目标。10个县市区PM2.5浓度同比下降，降幅最大的为白水、大荔和富平，分别同比下降30.9%、28.4%和28.0%。12个县市区均完成重污染天数下降目标，其中减少天数最多的为富平、大荔和华阴，分别同比减少23天、22天和22天。

表 9-1　渭南 2019~2020 年秋冬季环境空气质量目标完成情况

排名	县、市区	PM2.5 浓度					重度及以上污染天数				
		2018 年	2019 年	同比变幅（%）	目标（%）	完成情况	2018 年	2019 年	同比变幅（%）	目标	完成情况
1	白水县	68	47	-30.9	-1.0	完成	13	1	-12	-1	完成
2	大荔县	88	63	-28.4	-2.5	完成	31	9	-22	-1	完成
3	富平县	100	72	-28.0	-3.5	完成	36	13	-23	-1	完成
4	华阴市	86	62	-27.9	-2.0	完成	28	6	-22	-1	完成
5	潼关县	73	57	-21.9	-1.0	完成	17	4	-13	-1	完成
6	澄城县	53	44	-17.0	持续改善	完成	5	1	-4	持续改善	完成
7	合阳县	60	50	-16.7	-0.5	完成	3	3	0	持续改善	完成
8	临渭区	87	73	-16.1	-2.0	完成	30	16	-14	-1	完成
9	经开区	84	75	-10.7	-2.0	完成	28	16	-12	-1	完成
10	华州区	78	70	-10.3	-1.5	完成	24	11	-13	-1	完成
11	高新区	78	80	2.6	-2.0	未完成	20	17	-3	-1	完成
12	蒲城县	67	70	4.5	-0.5	未完成	16	12	-4	-1	完成

资料来源：《关于 2019—2020 年秋冬季全市环境空气质量目标完成情况的通报》（渭环函〔2020〕120 号）。

四、经验总结

政府单一部门参与环境治理具有一定的局限性。作为环境治理的发起人，政府不仅是雾霾治理政策的制定者，更是政策措施的落实者，政府在制定政策约束其他参与者的同时，也在规范调整自身行为。雾霾污染作为全社会共同面对的问题，政府的引导参与显得尤为重要，但单纯依靠政府单一部门实现环境治理是不现实的，政府部门的职责是确定的，各部门之间既相互联系又相互区别，仅靠某一部门进行规划和协调，必然会有所限制。

此外，因雾霾问题的复杂性和无边界性，使得政府间协作治理十分必要，需要多地区、多部门共同协作，才可能真正实现治理效果。协同治理中，各政府基于当地实际情况制定针对性政策方案，通过授权将各主体整合，提供制度、平台、资金等各种资源，形成纵向协同效应。多主体不同程度分担雾霾治理过程中的相应职责。上级政府通过战略规划、政策指导等方式协助地方政府形成一致的协同愿景，推动各方积极参与，打破行政区域、部门机构的边界，在政府间建立切实有效的雾霾治理机制，通过多方协调与统筹，统一制定治理任务目标，不断完善工作机制，最终实现治污减霾目标。

第二节　铜川大气污染防治协作治理

一、治理背景

铜川位于陕西中部，地处关中平原向陕北黄土高原过渡地带。铜川因煤炭设立，因煤而兴旺。在铜川经济因煤炭业而得到快速发展的同时，煤炭、水泥、陶瓷等工业的迅速崛起也带来一系列环境问题。1993 年，中央电视台曾以"一座卫星上看不到的城市"为题，报道铜川大气污染现象，此后，这座城市便以污染之重"闻名"于世。

铜川作为因煤而兴的工业城市，烟煤占市区主要能源构成，煤炭成为工业生产和居民生活的主要能源。据统计，2012 年城市生活煤炭消耗总量 85 万吨，其中 80% 以上为燃煤锅炉所用，每年生活用煤向大气环境排放二氧化硫约 20400 吨，氮氧化物 5950 吨，烟（粉）尘 6800 吨。此外，居民、单位大多使用高硫、高挥发分的烟煤，特别是在采暖期集中燃烧使用，是造成煤烟型大气污染的根本原因。燃煤方式落后与烟尘低空排放也是造成煤烟型大气污染的另一主要原因，燃煤锅炉及茶浴炉是铜川市区主要的大气污染源，居民及饮食服务业燃煤炉具热效率低，煤炭不能充分燃烧且低空排放，造成烟尘排放量大、面广。

因铜川地处关中平原向陕北黄土高原过渡地带，市区处河谷处，川道狭窄，冬季易形成逆温和静风天气，不利于污染物扩散。以煤炭、建材等重污染行业为主的产业结构、工业企业紧邻城市的高密度布局，都在加剧市区大气污染。煤炭过度使用以及燃煤后所排放的颗粒物较多是导致铜川大气污染的重要原因。随着汽车保有量连年增长，机动车排放的氮氧化物和颗粒物呈逐年上涨趋势，氮氧化物污染负荷大幅上升。空气污染由典型的煤烟型污染向以煤烟和机动车尾气复合型污染转化（侯美、王二鹏，2015）。

为改善大气状况，提高生活质量，铜川市政府开展实施重大专项行动，为降低污染物排放，接连发布铁腕治霾"1+7"行动方案以及铁腕治霾打赢蓝天保卫战三年行动方案（2018~2020 年），各地区积极响应，发布相应的行动方案通知，实行大气污染协作治理。

二、治理方法

（1）实行铁腕治霾专项行动方案，促进部门机构联合治理。2017 年 3 月，铜川市政府对治污减霾做出总体战略部署，召开新闻发布会，公布《铜川2017 年铁腕治霾"1+7"行动方案》，即通过"减煤""控车"等手段着力治霾。"1+7"行动方案，即"铁腕治霾·保卫蓝天 2017 年工作方案"和煤炭削减专项行动方案、秸秆等生物质综合利用专项行动方案、低速及载货柴油汽车污染治理专项行动方案、"散乱污"企业清理取缔专项行动方案、挥发性有机物污染整治专项行动方案、涉气重点污染源环境监察执法专项行动方案、扬尘治理专项行动方案 7 个专项行动方案。

《铜川市"铁腕治霾·保卫蓝天"2017 年工作方案》主要包括 39 项工作任务和 10 项保障措施。2017 年 3 月 15 日，铜川召开市环境保护暨铁腕治霾工作会议，对环境治理工作进行全面部署，印发《铜川 2017 年铁腕治霾"1+7"行动方案》，进一步明确治霾目标任务和措施要求。结合铜川实际，7 个专项行动方案成为铁腕治霾的重中之重。《煤炭削减行动方案》和《秸秆等生物质综合利用行动方案》由市发展改革委牵头实施；《低速及载货柴油汽车污染治理行动方案》由市公安局组织；市工信局负责《"散乱污"企业清理取缔行动方案》；市住建局主导《扬尘治理行动方案》，市城管局、市交通局配合实施；《挥发性有机物污染整治行动方案》和《涉气重点污染源环境监察执法行动方案》由市环保局落地实施。7 个专项行动方案紧盯大气污染治理重点，7 个部门形成合力，细化 39 项工作任务和 10 项保障措施，坚持"减煤、控车、抑尘、治源、禁燃、增绿"六策并举，立足当前，着眼长远，目标明确，任务清晰，各政府机构部门积极推进专项行动高效落实。2016 年铜川市交警支队实现淘汰黄标车 1469 辆，完成全年任务量的 170.2%，淘汰老旧车 1252 辆，2017 年 5 月底以前全面完成淘汰任务，助力全市治污减霾工作。针对铜川市政府发布的《铜川市 2017 铁腕治霾"1+7"行动方案》，各区政府迅速反应，结合本区实际情况印发相关文件，监督各部门认真落实。

（2）不断丰富污染治理形式，完善补充政策方针不足。此外，王益区积极响应，丰富治污减霾行动开展形式。2017 年 3 月，开展图解《铜川市 2017 铁腕治霾 1+7 行动方案》系列专题，对《铜川市 2017 铁腕治霾 1+7 行动方案》进行解读和宣传。为贯彻落实市委、市政府铁腕治霾工作会议精神，根据《铜川市"治污降霾·保卫蓝天"2017 年工作方案》及 7 个专项行动方案（简称"1+7"方案），结合王益区实际，王益区人民政府制定《铜川市王益区"铁腕治霾·保卫蓝天"2017 年工作方案》《铜川市王益区"铁腕治霾·保卫蓝天"督查考核问责工作暂行办法》《铜川市王益区铁腕治霾 2017 年煤炭削减专项行动方案》《铜川市王益区铁腕治霾 2017 年秸秆等生物质综合利用专项行动方案》《铜川市王益区铁腕治霾 2017 年"散乱污"企业清理取缔专项行动方案》《铜川市王益区铁腕治霾 2017 年挥发性有机物污染整治专项行动方案》《铜川市王益区铁腕治霾 2017 年涉气重点污染源环境监察执法专项行动方案》和《铜川市王益区铁腕治霾 2017 年扬尘治理专项整治行动方案》六个专项行动方案（简称铜川市王益区铁腕治霾"1+1+6"方案），并要求各单位各部门认真贯彻落实。

耀州区深入解读工作方案，主动投身雾霾治理。2017 年 4 月，耀州区人民政府发布关于印发耀州区铁腕治霾 2017 年"1+7"行动方案通知。根据《铜川市"治污降霾·保卫蓝天"2017 年工作方案》及 7 个专项行动方案（简称"1+7"方案），结合耀州区实际，制定《耀州区"铁腕治霾·保卫蓝天"2017 年工作方案》《耀州区铁腕治霾 2017 年煤炭削减专项行动方案》《耀州区铁腕治霾 2017 年秸秆等生物质综合利用专项行动方案》《耀州区铁腕治霾 2017 年低速及载货柴油汽车污染治理专项行动方案》《耀州区铁腕治霾 2017 年"散乱污"企业清理取缔专项行动方案》《耀州区铁腕治霾 2017 年挥发性有机物污染整治专项行动方案》《耀州区铁腕治霾 2017 年涉气重点污染源环境监察执法专项行动方案》和《耀州区铁腕治霾 2017 年扬尘治理专项整治行动方案》七个专项行动方案（简称耀州区铁腕治霾 2017 年"1+7"行动方案），并印发至各单位部门，要求其认真贯彻落实。

印台区结合本区实际情况，对工作方案进行补充。2018 年 12 月，印台区发布关于印发《铁腕治霾打赢蓝天保卫战三年行动方案（2018~2020 年)》通知，要求各镇人民政府、街道办事处，各管委会，区政府各有关工作部门、直属机构，驻区各有关单位认真贯彻执行该方案。印台区坚持落实九大总体措施，并在四十九条细分措施基础上，增加符合本区情况的强化科技基础支撑措施。

三、治理结果

在各地政府的积极配合下，铁腕治霾、打好蓝天保卫战行动取得显著成果。铜川拆改燃煤锅炉 101 台，完成燃气锅炉低氮燃烧改造 210 台，拆除农业燃煤设施 79 台。实施 210 国道货车限时段通行，淘汰国Ⅲ及以下老旧柴油货车 4121 辆，油改气老旧车 413 辆，遥感监测机动车 3.2 万辆，路检 666 余辆。严格落实建筑工地"六个 100%"要求，77 个工地安装视频监控，112 个建筑工地严格落实红黄绿牌管理制度。严查货车超限超载，查处货车超限超载 2910 起，抛洒 866 起，不覆盖篷布 1810 起。完成"散乱污"工业企业综合整治 28 家。实施 6 家水泥企业大气污染防治设施提升改造工程，督导夏防期 106 家和冬防期 37 家企业严格执行错峰生产，关闭白石崖煤矿压减煤炭产能 90 万吨。2019 年，主要农作物秸秆综合利用率提高到 89.9%，建成年产 10 万吨秸秆有机水溶肥生产线和乡村车载移动式秸秆处理设备，严控节庆期间烟花爆竹燃放。铜川以城市中心区直观山坡绿化和漆沮河流域综合治理为重点，全面开展植树造林活动，完成造林 10.6 万亩，完成率达 106%。全市优良天数 266 天，PM2.5 浓度 48 微克/立方米，达关中最优。

如图 9-1 所示，铜川 2019 年空气质量优良天数为 266 天，达标率为 72.9%。其中，Ⅰ级（优）38 天，占 10.6%；Ⅱ级（良）228 天，占 63.9%；Ⅲ级（轻度污染）59 天，占 16.5%；Ⅳ级（中度污染）25 天，占 7.0%；Ⅴ级（重度污染）7 天，占 2.0%。

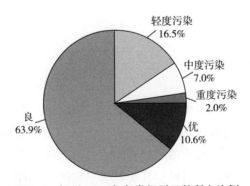

图 9-1　铜川 2019 年各类级别天数所占比例

资料来源：《铜川市 2019 年环境质量公报》。

2019 年，铜川环境空气质量综合指数为 4.99，同比上升 0.8%。如图 9-2 所示，可吸入颗粒物（PM10）年均值为 80 微克/立方米，同比上升 2.6%，超出国家空气质量二级标准 0.14 倍；细颗粒物（PM2.5）年均值为 47 微克/立方米，同比上升 9.3%，超出国家空气质量二级标准 0.34 倍；二氧化硫（SO₂）年均值为 12 微克/立方米，同比下降 36.8%；二氧化氮（NO₂）年均值为 36 微克/立方米，同比上升 5.9%；一氧化碳（CO）第 95 百分位浓度为 1.7 毫克/立方米，同比下降 10.5%；臭氧（O₃）第 90 百分位浓度为 158 微克/立方米，同比上升 2.6%。

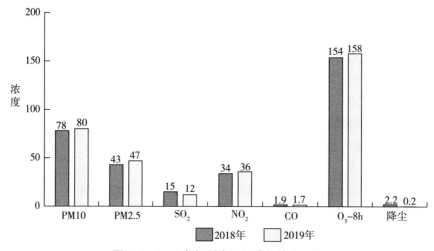

图 9-2　2019 年铜川主要污染物浓度同比

资料来源：《铜川市 2019 年环境质量公报》。

四、经验总结

政府协作首先需要确定协作治理机制的实施流程。政府间协作一直以来都是治污减霾行动中最有效的手段之一，但仅依靠单个政府无法取得显著成果，想要切实改善大气状况，必须依靠政府间的协同治理。政府间实现协同治理的首要条件是制定统一的治理目标，其次是确定实现目标的路径措施，才能保证治污减霾行动的有效实施。

上述案例体现了政府作为雾霾治理主导者，在大气环境治理中所发挥的重要作用。政府对区域内的大气污染问题应迅速做出反应，制定具有指导性的行动方针，充分调动各部门组织积极性，保证行动目标的一致性；各机构部门根据辖区内情况对相关政策方针分析解读，结合自身实际进行适当调整，并及时将有关行动方案下发到各单位部门。政府机构间既实现纵向统筹，又达成横向合作，为高效落实治理措施、实现治污减霾提供保障。

第三节　宝鸡市政府、企业、公众三方协作防污治霾

一、治理背景

宝鸡地处陕西、甘肃、宁夏和四川四省（区）交接处，是西安、兰州、银川、成都四个省会城市的地理中心点。得天独厚的地理位置带给宝鸡极大的发展空间，伴随经济发展而来的是环境污染问题。宝鸡空气污染主要来自三个方面：

（1）以燃煤为主的能源使用习惯和工业生产结构。如图 9-3 和图 9-4 所示，通过宝鸡与陕西三次产业结构对比可以看出，宝鸡第二产业总量达地区生产总值一半以上，占比 57%，远高于陕西 46% 的数值。宝鸡能源使用结构中占主导地位的是燃料煤，工业生产仍然把煤炭作为主要能源，使得烟（粉）尘

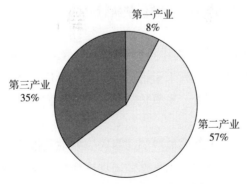

图 9-3　2019 年宝鸡三次产业结构百分比

资料来源：《2019 年度宝鸡与全国、全省主要经济指标比较》。

污染物大量排放，形成大气环境的主要污染源。在生活能源方面，尽管已有天然气等清洁资源作为替代品出现，且大部分居民选择使用清洁能源，但在少部分地区，尤其是城市周边乡镇中，由于清洁能源尚未普及等原因，一些居民未能转变能源使用方式。此外，宝鸡作为供暖城市，每到冬春供暖季，煤炭需求量大幅增加，导致大气中颗粒物和二氧化硫排放量激增，污染程度明显加重。

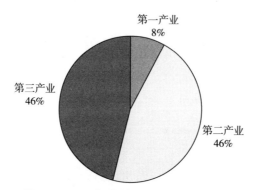

图 9-4 2019 年陕西三次产业结构百分比

资料来源：《2019 年度宝鸡与全国、全省主要经济指标比较》。

（2）机动车数量高速增长。公共交通体系容量有限，随着人民生活日益改善，越来越多的居民选择驾车出行，由此导致私家车增长趋势明显过快。截至 2018 年底，全市民用车辆拥有量达到 36.41 万辆，其中：载客汽车 32.74 万辆，载货汽车 3.06 万辆。私家轿车 17.87 万辆，汽车驾驶员 693650 人。汽车尾气的大量排放是空气中二氧化碳、二氧化氮、一氧化氮等污染物的主要来源。在降水量较少的冬春季，车辆行驶所带来的二次扬尘，也是大气中污染物的重要来源之一（薛平，2015）。

（3）麦秸秆焚烧问题。农作物秸秆中含有氮、磷、钾、碳氢元素及有机硫等，特别是刚收割的秸秆尚未干透，经不完全燃烧会产生大量氮氧化物、二氧化硫、碳氢化合物及烟尘、氮氧化物和碳氢化合物，在阳光作用下还可能产生二次污染物臭氧等。

此外，宝鸡位于关中盆地最西端，当关中盆地其他地区如西安及其周边城市发生严重污染时，如盛行东风，就会出现空气中污染物向西转移的问题，进而加剧宝鸡大气环境污染程度。

二、治理方法

（1）坚持具体问题具体分析，制定针对性治理方案。宝鸡坚持具体问题具体分析，制定符合自身发展的治理方案。2018 年初，为贯彻落实习近平总书记在党的十九大报告中提出"打赢蓝天保卫战"的要求，陕西曾多次召开铁腕治霾工作会议，提出牢固树立和践行绿水青山就是金山银山的理念。省政府发布《陕西省铁腕治霾打赢蓝天保卫战三年行动方案（2018~2020）》《陕西省铁腕治霾打赢蓝天保卫战 2018 年工作要点》，明确全省铁腕治霾今后三年及 2018 年的主要目标、重点任务、保障措施。为完成环境整治任务，宝鸡市铁腕治霾办组织有关部门进行调查摸底，针对宝鸡市相关情况，着手编制《宝鸡市铁腕治霾打赢蓝天保卫战三年行动方案（2018~2020）》《宝鸡市铁腕治霾打赢蓝天保卫战 2018 年行动方案》。该方案于 2018 年 3 月 29 日经市政府常务会议研究通过，市政府于 4 月 16 日印发《宝鸡市铁腕治霾打赢蓝天保卫战三年行动方案（2018~2020 年)》《宝鸡市铁腕治霾打赢蓝天保卫战 2018 年行动方案》。提出以散煤整治为核心、调整优化产业布局和能源结构；以高排放机动车为重点、深化移动源污染防治。与上次三年行动方案相比，本轮三年行动方案的关注重点在于清洁取暖改造、燃气锅炉低氮燃烧改造、火电企业供热改造；高排放车辆治理、新能源车辆推广，提升施工扬尘精细管控。

（2）积极尝试政企合作，建立企业自测方案。宝鸡市生态环境局与企业对接，建立企事业单位环境信息自行公开栏，2019 年 11 月以来，陕西有色旺裕矿业有限公司、东岭锌业股份有限公司、陕西铅硐山矿业有限公司、陕西银母寺矿业有限责任公司、凤县红光矿产品有限责任公司和凤县安河铅锌选矿厂已通过"陕西省污染源环境监测信息平台"及"宝鸡环保微信公众平台"公开企业自行监测方案，就企业污染物种类、污染浓度和达标情况向大众公示。

（3）主动调整产业结构，推进绿色经济发展（见表 9-2）。目前，城区产业结构处在调整阶段，2019 年宝鸡市第一产业、第三产业增加值均处于全省上游水平，仅第二产业处在低增长阶段。这意味着诸如长岭集团等高能耗、高污染企业正在逐步搬迁，其中宝鸡电厂、宝鸡水泥厂、红光铁厂等一大批工业企业已在近年逐渐关停，从根本上解决了一大批大气重点污染源企业，改善了市区空气质量。市委市政府一直以来对环保工作高度重视，坚持不以生态环境折损为经济发展代价，始终走可持续发展道路，追求绿色经济、绿色 GDP。

表9-2　2019年陕西各市（区）主要经济指标

市区	第一产业增加值		第二产业增加值		第三产业增加值	
	总量（亿元）	增速（%）	总量（亿元）	增速（%）	总量（亿元）	增速（%）
西安	279.13	4.3	3167.44	7.6	5874.62	6.8
铜川	26.77	4.5	130.63	7.3	197.32	6.7
宝鸡	178.75	4.6	1273.88	2.1	771.18	5.7
咸阳	304.17	4.2	1011.63	-2.3	879.54	6.0
渭南	325.05	4.7	679.49	3.2	823.93	4.9
延安	149.33	5.2	999.85	6.5	514.71	7.6
汉中	227.63	4.6	662.88	5.5	657.08	7.4
榆林	250.72	3.9	2690.34	8.2	1195.22	5.8
安康	137.52	4.3	553.93	10.7	490.61	6.0
商洛	103.40	4.8	376.91	6.4	356.90	4.3
杨凌示范区	8.47	4.2	78.67	3.7	79.64	9.2

资料来源：《2019年度各市（区）主要经济指标》宝鸡市统计局（2020年）。

（4）发挥公众力量，开展志愿活动。2017年底，宝鸡提出建设宜居宜业的幸福美丽城市。2017年12月4日，宝鸡市环境保护太白分局组织志愿者在街心广场设立环保法制宣传咨询点，通过图片展板、手册讲解等形式，向群众介绍环境污染治理、农村环境综合整治、铁腕治霾等基本常识。2020年6月5日，凤县、太白、渭滨区和高新环保分局分别举办"六五"世界环境日宣传活动，通过分发环保宣传资料、环保宣传口号小扇子和环保购物袋等方式，倡导广大群众树立保护生态环境的理念，增强群众生态意识和环保意识。同时，积极发挥志愿者的示范引领作用，组织开展丰富多彩的志愿服务活动。

（5）鼓励秸秆还田，禁止秸秆焚烧。2017年2月15日，宝鸡市环境保护局发布农作物秸秆综合利用和禁烧工作实施方案，鼓励农民利用捡拾打捆机和粉碎装置，使秸秆直接还田。政府制定相关补贴政策，对于为处置麦秸秆所购机具，在国家机具补贴基础上叠加补贴到购机价格的20%~50%。同时，设立明确奖惩机制，对于未发生焚烧秸秆的县区，依据种粮面积和考核结果，由市财政给予奖励补助，专项用于秸秆禁烧工作。对于焚烧秸秆行为，出台一系列惩罚措施，罚款由市财政局依据市政府考核通报从县区财政直接扣缴，同样专项用于秸秆禁烧工作。

三、治理结果

在市委市政府和省生态环境厅指导下，宝鸡生态文明创建成效显著。继凤县、陇县之后，太白县荣获"第四批国家生态文明建设示范县"称号，凤县申报全国"绿水青山就是金山银山"实践创新基地获省生态环境厅提名推荐，宝鸡生态文明创建逐渐开始走在全省前列。2019 年全省国家生态功能区县域生态环境质量监测评价与考核结果显示，凤县、太白县评价为"基本稳定"，凤县在生态环境保护管理方面连续三年位居全省第一。2019 年，宝鸡大气环境质量位居关中城市前列（见表 9-3）。截至 2020 年 11 月 22 日，市区空气质量优良天数 258 天，同比增加 9 天，PM2.5 平均浓度 44 微克/立方米，同比下降 6.4%，综合指数 4.32，同比下降 7.9%，在汾渭平原及关中城市位列第一，空气质量稳步向好。市区秋冬季（2019 年 10 月 1 日至 2020 年 3 月 31 日）PM2.5 浓度与上年相比下降 6.7%，重污染天数同比减少 7 天，超额完成生态环境部下达的考核任务。

表 9-3　2019 年宝鸡各县区空气质量改善程度情况

区域	县区	空气质量综合指数及改善程度		优良天数及改善程度		PM2.5 浓度均值及改善程度		PM10 浓度均值及改善程度		臭氧（O₃）浓度均值及改善程度	
		2019 年	同比（%）	2019 年	同比	2019 年	同比（%）	2019 年	同比（%）	2019 年	同比（%）
市区	陈仓区	5.68	-1.6	239	增加 8 天	61	+3.4	97	-4.0	137	-1.4
	高新区	4.90	-1.2	254	减少 8 天	49	+8.9	83	-8.8	146	-0.7
	渭滨区	4.44	+0.9	292	增加 6 天	47	+9.3	74	-2.6	134	-2.9
	金台区	4.99	+1.4	273	增加 1 天	52	+10.6	84	-5.6	139	+1.5
川塬县	凤翔县	4.19	-10.3	299	增加 34 天	44	+2.3	68	+3.0	134	-11.8
	岐山县	4.13	-5.9	280	增加 10 天	40	-2.4	66	-1.5	156	-3.7
	眉县	5.2	-1.7	243	增加 17 天	54	+12.5	92	-3.2	150	-9.1
	扶风县	4.6	+0.9	255	增加 19 天	50	+13.6	74	—	156	-10.9

续表

区域	县区	空气质量综合指数及改善程度		优良天数及改善程度		PM2.5浓度均值及改善程度		PM10浓度均值及改善程度		臭氧（O₃）浓度均值及改善程度	
		2019年	同比（%）	2019年	同比	2019年	同比（%）	2019年	同比（%）	2019年	同比（%）
山区县	凤县	2.89	−11.1	353	增加18天	23	−8.0	41	−19.6	110	−1.8
	太白县	2.73	−7.1	350	增加17天	23	−8.0	37	−2.6	122	−7.6
	陇县	4.15	−5.7	285	增加31天	46	+7.0	66	−7.0	140	−9.1
	千阳县	4.18	−3.7	268	减少3天	44	+22.2	72	—	150	−5.7
	麟游县	3.62	+2.0	299	增加3天	34	+6.3	60	+5.3	149	−5.1

资料来源：《公示"2019年各县区空气质量改善情况"》宝鸡市生态环境局（2020年）。

四、经验总结

（1）实现多政府协作机制，打破行政区域界线。各市之间虽然有明确行政区划，但由于环境并不受政治区划影响，空气中污染物因地形、风向、气候等诸多因素，具有一定的流动性，且会随着季节变化呈现出周期性规律变化。因此，对于防污治霾并非一市一县的责任，环境治理需要打破空间限制，在政府间形成一体化治污减霾防控体系，通过多方协作，达到防污治霾的效果。政府作为治污减霾方案的制定者与实施者，在推进政策落实中，需要部门间协调合作，才能确保政策有效落地实施。

（2）加强政府企业合作，实现职能间有益补充。政府的职能范围有限，因此需要政府与企业紧密联系，在某些领域政府难以发挥作用时，企业可以充当必要的补充角色。政府制定政策制度大力扶持绿色产业发展，同时，企业自身也应主动承担社会责任，进行自我纠察，从而提高政策实施效率，推进大气环境治理进程。

（3）积极宣传引导、发挥公众能动性。政府应引导公众树立绿色消费观念，加强宣传教育，开展志愿者活动，保障公众的知情权，鼓励公众行使监督权，主动参与防污治霾工作，构建公民层面的监察机制，鼓励民众对于高污染高能耗企业乱排废气等污染环境的行为进行监督和检举，以降低政府监督成本，提高环境治理效率。

参考文献

[1] ANSL, LIN L. Spatial effects in econometric practice in environmental end resource economics [J]. American Journal of Agricultural Economics, 2001, 83 (3): 705-710.

[2] Coase R. The federal communications commission [J]. Law Econ, 1969, 3: 2.

[3] EPA. Air research grants [EB/OL]. https://www. epa. gov/research-grants/air-researcr-grants, 2018-06-10.

[4] Flinders M. Governance in Whitehall [J]. Public Administration, 2002, 80 (1): 51-75.

[5] HUITRIC M. EPA awards Diesel emissions reduction act grants for clean air projects in Arizona [EB/OL]. https//www. epa. gov/newsreleases/epa－awards－dieselemissions－reduction－act－grants－clean－air－projects－arizona, 2018-06-10.

[6] Kanada M, Fujiata T, Fujii M, et al. The long-term impacts of air pollution control policy: historical links between municipal actions and industrial energy efficiency in Kawasaki city, Japan [J]. Journal of Cleaner Production, 2013 (58): 92-101.

[7] Kultti K, Takalo T, Toikka J. Simultaneous model of innovation, secrecy and patent policy [J]. The American Economic Review, 2006 (5): 82-86.

[8] Min B. S. Regional cooperation for control of transboundary air pollution in East Asia [J]. Journal of Asian Economics, 2001, 12 (1).

[9] Nguitragool P. Negotiating the haze treaty [J]. Asian Survey, 2012 (4/5): 356-378.

[10] Richard C. Feiock. The Institutional Collective Action Framework [J].

Policy Stud J. 2013（3）.

［11］TANG S. Green Economy Indicators-Brief Paper［R］. 2012.

［12］Wolfgang K, Manfred E. Streit. Institutional Economics：Social Order and Public Policy［M］. Beijing：The Commercial Press, 2000：215.

［13］Yi Yang, Zixuan Cai. Ecological security assessment of the Guanzhong Plain urban agglomeration based on an adapted ecological footprint model［J］. Journal of Cleaner Production, 2020 , 260：120973.

［14］Zheng S Q, Kahn M E, Sun W, et al. Incentivizing Chin's urban mayors to mitigate pollution externalities：the role of the central government and public environmentalism［Z］. NBEK Working Paper No. 18872, 2013.

［15］卞元超, 吴利华, 周敏, 白俊红. 国内市场分割与雾霾污染——基于空间自滞后模型的实证研究［J］. 产业经济研究, 2020（02）：45-57.

［16］蔡岚. 粤港澳大湾区空气污染联动治理机制研究——制度性集体行动理论的视域［J］. 学术研究, 2019（01）：56-63+177-178.

［17］曹伊清, 吕明响. 跨行政区流域污染防治中的地方行政管辖权让渡——以巢湖流域为例［J］. 中国人口·资源与环境, 2013, 23（07）：164-170.

［18］陈菡, 陈文颖, 何建坤. 实现碳排放达峰和空气质量达标的协同治理路径［J］. 中国人口·资源与环境, 2020, 30（10）：12-18.

［19］陈诗一, 陈登科. 雾霾污染、政府治理与经济高质量发展［J］. 经济研究, 2018, 53（02）：20-34.

［20］陈诗一, 武英涛. 环保税制改革与雾霾协同治理——基于治理边际成本的视角［J］. 学术月刊, 2018, 50（10）：39-57+117.

［21］陈诗一, 张云, 武英涛. 区域雾霾联防联控治理的现实困境与政策优化——雾霾差异化成因视角下的方案改进［J］. 中共中央党校学报, 2018, 22（06）：109-118.

［22］程励, 张同颢, 付阳. 城市居民雾霾天气认知及其对城市旅游目的地选择倾向的影响［J］. 旅游学刊, 2015, 30（10）：37-47.

［23］程钰, 刘婷婷, 赵云璐, 王亚平. 京津冀及周边地区"2+26"城市空气质量时空演变与经济社会驱动机理［J］. 经济地理, 2019, 39（10）：183-192.

［24］崔兵, 卢现祥. 巴泽尔新制度经济学理论架构探究［J］. 经济评论,

2008（05）：134-139.

　　[25] 代伟，李克国. 多中心治理下公众参与大气污染防治路径探析 [J].
中国环境管理干部学院学报，2014：1-3+72.

　　[26] 邓慧慧，杨露鑫. 雾霾治理、地方竞争与工业绿色转型 [J]. 中国
工业经济，2019（10）：118-136.

　　[27] 杜雯翠，夏永妹. 京津冀区域雾霾协同治理措施奏效了吗？——基
于双重差分模型的分析 [J]. 当代经济管理，2018，40（09）：53-59.

　　[28] 杜雯翠，张平淡. 县级市生态环境治理的两维向度：增长压力与财
政压力 [J]. 改革，2017（08）：131-140.

　　[29] 樊静丽，梁晓捷，王璐雯. 气候变化对能源系统的影响研究：文献
综述 [J]. 中国地质大学学报（社会科学版），2014，14（01）：41-46.

　　[30] 范叶超，刘梦薇. 中国城市空气污染的演变与治理——以环境社会
学为视角 [J]. 中央民族大学学报（哲学社会科学版），2020，47（05）：
95-102.

　　[31] 范永茂，殷玉敏. 跨界环境问题的合作治理模式选择——理论讨论
和三个案例 [J]. 公共管理学报，2016，13（02）：63-75+155-156.

　　[32] 冯贵霞. 大气污染防治政策变迁与解释框架构建——基于政策网络
的视角 [J]. 中国行政管理，2014（09）：16-20+80.

　　[33] 冯阔，林发勤，陈珊珊. 我国城市雾霾污染、工业企业偷排与政府
污染治理 [J]. 经济科学，2019（05）：56-68.

　　[34] 冯骁，东梅. 西北地区经济发展的资源环境影响研究 [J]. 西北民
族大学学报（哲学社会科学版），2018（01）：67-72.

　　[35] 付裕. 京津冀雾霾治理区域合作法治化研究 [D]. 广东外语外贸大
学博士学位论文，2019.

　　[36] 高广阔，吴世昌，韩颖. 中国雾霾污染问题的分析与测度方法探讨
[J]. 统计与决策，2016（24）：31-34.

　　[37] 高明，郭施宏，夏玲玲. 空气污染府际间合作治理联盟的达成与稳
定——基于演化博弈分析 [J]. 中国管理科学，2016，24（08）：62-70.

　　[38] 高明，吴雪萍，郭施宏. 城市化进程、环境规制与空气污染——基于
STIRPAT 模型的实证分析 [J]. 工业技术经济，2016，35（09）：110-117.

　　[39] 宫长瑞. "雾霾"引发的深层法律思考及防治对策 [J]. 江淮论坛，
2015（01）：147-151.

［40］顾城天，刘冬梅．"双轮驱动"支撑环境治理驶入快车道［J］．环境经济，2020（16）：56-59.

［41］关中城市群治污减霾联动机制暨西安服务中心协调研究课题组．大气污染联防联控机制的探索与实践——以关中城市群为例［J］．环境保护与循环经济，2016（09）：4-8.

［42］郭斌．跨区域环境治理中地方政府合作的交易成本分析［J］．西北大学学报（哲学社会科学版），2015，45（01）：160-165.

［43］郭渐强，杨露．ICA框架下跨域环境政策执行的合作困境与消解——以长江流域生态补偿政策为例［J］．青海社会科学，2019（04）：39-48.

［44］郭渐强，杨露．跨域环境治理中的地方政府避责行为研究［J］．天津行政学院学报，2019，21（06）：3-9.

［45］郭渐强，杨露．跨域治理模式视角下地方政府环境政策执行困境与出路［J］．吉首大学学报（社会科学版），2019，40（04）：104-113.

［46］郭俊华，许佳瑜．基于雾霾治理的区域经济结构转型升级［J］．西安交通大学学报（社会科学版），2017，37（04）：28-35.

［47］郭施宏，吴文强．中国大气污染治理效率与效果分析——基于超效率DEA与联立方程模型［J］．环境经济研究，2017，2（02）：108-120.

［48］韩超，胡浩然．节能减排、环境规制与技术进步融合路径选择［J］．财经问题研究，2015（07）：22-29.

［49］韩文科，朱松丽，高翔，姜克隽．从大面积雾霾看改善城市能源环境的紧迫性［J］．价格理论与实践，2013（04）：27-29.

［50］何枫，马栋栋．雾霾与工业化发展的关联研究——中国74个城市的实证研究［J］．软科学，2015，29（06）：110-114.

［51］何寿奎．长江经济带环境治理与绿色发展协同机制及政策体系研究［J］．当代经济管理，2019，41（08）：57-63.

［52］何小钢．结构转型与区际协调：对雾霾成因的经济观察［J］．改革，2015（05）：33-42.

［53］贺璨，王冰．京津冀空气污染治理模式演进：构建一种可持续合作机制［J］．东北大学学报（社会科学版），2016，18（01）：56-62.

［54］侯美玲，王二鹏．铜川市十年空气质量变化趋势及其对策分析［J］．绿色科技，2015（6）：200-203.

［55］胡爱荣．京津冀治理环境污染联防联控机制的应用研究［J］．生态

经济，2014，30（08）：177-180+189.

［56］胡宗义，杨振寰．"联防联控"政策下空气污染治理的效应研究［J］．工业技术，2019，38（07）：129-135.

［57］黄寿峰．财政分权对中国雾霾影响的研究［J］．世界经济，2017，40（02）：127-152.

［58］黄晓军，祁明月，李艳雨，王森，黄馨．关中地区 PM_（2.5）时空演化及人口暴露风险［J］．环境科学，2020，41（12）：5245-5255.

［59］黄鑫，李亚丽，王靖中，陆志武，巩远发，刘源，曹波，胡皓，吕丹，胡诚.1980~2016年陕西省冬季霾日数时空变化及增多成因初探［J］．中国环境科学，2019，39（09）：3671-3681.

［60］姬翠梅．空气污染跨域治理府际契约构建及其组织运行［J］．天津行政学院学报，2019，21（03）：55-61+76.

［61］贾先文，李周．行政区交界地带环境风险防治困境及体系构建［J］．湖南师范大学社会科学学报，2019，48（05）：71-78.

［62］姜克隽，代春艳，贺晨旻，朱松丽.2013年后中国大气雾霾治理对经济发展的影响分析——以京津冀地区为案例［J］．中国科学院院刊，2020，35（06）：732-741.

［63］姜玲，乔亚丽．区域大气污染合作治理政府间责任分担机制研究——以京津冀地区为例［J］．中国行政管理，2016（06）：47-51.

［64］景熠，敬爽，代应．基于结构方程模型的区域空气污染协同治理影响因素分析［J］．生态经济，2019，35（08）：200-205.

［65］雷玉桃，郑梦琳，孙菁靖．新型城镇化、产业结构调整与雾霾治理——基于112个环保重点城市的双重视角［J］．工业技术经济，2019，38（12）：22-33.

［66］李芬妮，张俊飚，何可，畅华仪．归属感对农户参与村域环境治理的影响分析——基于湖北省1007个农户调研数据［J］．长江流域资源与环境，2020，29（04）：1027-1039.

［67］李莉，徐健，安静宇，黄成，朱书慧，周敏，李小敏．长三角经济能源约束下的空气污染问题及对区域协作的启示［J］．中国环境管理，2017，9（05）：9-18.

［68］李瑞昌．从联防联控到综合施策：空气污染政府间协作治理模式演进［J］．江苏行政学院学报，2018（03）：104-109.

［69］李胜. 超大城市突发环境事件管理碎片化及整体性治理研究［J］. 中国人口·资源与环境, 2017, 27（12）：88-96.

［70］李涛, 刘思玥. 分权体制下辖区竞争、策略性财政政策对雾霾污染治理的影响［J］. 中国人口·资源与环境, 2018, 28（06）：120-129.

［71］李新宁. 雾霾治理：国外的实践与经验［J］. 生态经济, 2015, 31（05）：2-5.

［72］李勇, 李振宇, 江玉林, 刘欢. 借鉴国际经验 探讨城市交通治污减霾策略［J］. 环境保护, 2014, 42（Z1）：75-77.

［73］李云燕, 王立华, 马靖宇, 葛畅, 殷晨曦. 京津冀地区大气污染联防联控协同机制研究［J］. 环境保护, 2017, 45（17）：45-50.

［74］李云燕, 王立华, 殷晨曦. 空气重污染预警区域联防联控协作体系构建——以京津冀地区为例［J］. 中国环境管理, 2018, 10（02）：38-44.

［75］李肇桀, 王贵作, 高龙. 健全完善水利社会监督管理体制机制的思路对策［J］. 水利发展研究, 2020（04）：1-6+10.

［76］李志萌, 盛方富. 长江经济带区域协同治理长效机制研究［J］. 浙江学刊, 2020（06）：143-145.

［77］廖卫东, 肖钦. 属地主义与协同失衡：江西环境跨区治理的现实困境与优化路径［J］. 生态经济, 2018, 34（08）：220-225.

［78］林民书, 刘名远. 区域经济合作中的利益分享与补偿机制［J］. 财经科学, 2012（05）：62-70.

［79］刘晨跃, 徐盈之. 城镇化如何影响雾霾污染治理？——基于中介效应的实证研究［J］. 经济管理, 2017, 39（08）：6-23.

［80］刘海猛, 方创琳, 黄解军, 朱向东, 周艺, 王振波, 张蔷. 京津冀城市群大气污染的时空特征与影响因素解析［J］. 地理学报, 2018, 73（01）：177-191.

［81］刘华军, 雷名雨. 中国雾霾污染区域协同治理困境及其破解思路［J］. 中国人口·资源与环境, 2018, 28（10）：88-95.

［82］刘华军, 孙亚男, 陈明华. 雾霾污染的城市间动态关联及其成因研究［J］. 中国人口·资源与环境, 2017, 27（03）：74-81.

［83］刘力菲, 张晓涛. 经济发展对环境污染的影响——基于地区差异角度的研究［J］. 经济问题, 2014（08）：32-37.

［84］刘强, 李平. 大范围严重雾霾现象的成因分析与对策建议［J］. 中

国社会科学院研究生院学报，2014（05）：63-68.

［85］刘祎芳，杨育聪，季曦．京津冀 PM_（2.5）问题的环境—经济—社会系统分析［J］．科学决策，2020（03）：68-92.

［86］刘铮，党春阁，刘菁钧，王璠，周长波．我国西部地区清洁生产产业发展现状、存在问题和建议［J］．环境保护，2018（17）：40-43.

［87］卢现祥．论中国人的制度观［J］．中南财经政法大学学报，2010（06）：3-10+142.

［88］罗冬林，廖晓明．合作与博弈：区域空气污染治理的地方政府联盟——以南昌、九江与宜春 SO$_2$ 治理为例［J］．江西社会科学，2015，35（04）：79-83.

［89］马海涛，刘燕，师玉朋．地方财政在雾霾污染防治中的社会回应性评价［J］．财经论丛，2018（01）：21-29.

［90］马红，侯贵生．雾霾污染、地方政府行为与企业创新意愿——基于制造业上市公司的经验数据［J］．软科学，2020，34（02）：27-32.

［91］马骏 . PM 2.5 减排的经济政策［M］．北京：中国经济出版社，2014.

［92］马丽梅，张晓．中国雾霾污染的空间效应及经济、能源结构影响［J］．中国工业经济，2014（04）：19-31.

［93］马亮．绩效排名、政府响应与环境治理：中国城市空气污染控制的实证研究［J］．南京社会科学，2016（08）：66-73.

［94］马中，蓝虹．约束条件、产权结构与环境资源优化配置［J］．浙江大学学报（人文社会科学版），2004（06）：72-77.

［95］孟庆国，魏娜．结构限制、利益约束与政府间横向协同——京津冀跨界空气污染府际横向协同的个案追踪［J］．河北学刊，2018，38（06）：164-171.

［96］穆泉，张世秋．中国 2001~2013 年 PM_（2.5）重污染的历史变化与健康影响的经济损失评估［J］．北京大学学报（自然科学版），2015，51（04）：694-706.

［97］潘本锋，汪巍，李亮，李健军，王瑞斌．我国大中型城市秋冬季节雾霾天气污染特征与成因分析［J］．环境与可持续发展，2013，38（01）：33-36.

［98］潘峰，西宝，王琳．基于演化博弈的地方政府环境规制策略分析［J］．系统工程理论与实践，2015，35（06）：1393-1404.

［99］庞雨蒙，刘震，潘雨晨．财政科教支出与雾霾污染治理的空间关联效应［J］．经济经纬，2020，37（06）：128-138.

［100］秦天．环境分权、环境规制与农业面源污染［D］．西南大学博士学位论文，2020.

［101］邱景忠，王曼，张晓锋．我国治理雾霾的财税对策研究［J］．纳税，2019，13（10）：5-6.

［102］任保平，宋文月．我国城市雾霾天气形成与治理的经济机制探讨［J］．西北大学学报（哲学社会科学版），2014，44（02）：77-84.

［103］任旭锴．北京雾霾治理：政府主导的多主体合作模式研究［D］．首都经济贸易大学博士学位论文，2015.

［104］邵帅，李欣，曹建华，杨莉莉．中国雾霾污染治理的经济政策选择——基于空间溢出效应的视角［J］．经济研究，2016，51（09）：73-88.

［105］申伟宁，柴泽阳，戴娟娟．京津冀城市群环境规制竞争对雾霾污染的影响［J］．经济与管理，2020，34（04）：15-23.

［106］施祖麟，毕亮亮．我国跨行政区河流域水污染治理管理机制的研究——以江浙边界水污染治理为例［J］．中国人口·资源与环境，2007（03）：3-9.

［107］石敏俊，李元杰，张晓玲，相楠．基于环境承载力的京津冀雾霾治理政策效果评估［J］．中国人口·资源与环境，2017，27（09）：66-75.

［108］束韫，王洪昌，胡京南，孙亚梅．区域空气污染联防联控长效机制的探讨［J］．环境与可持续发展，2019，44（04）：78-81.

［109］司林波，聂晓云，孟卫东．跨域生态环境协同治理困境成因及路径选择［J］．生态经济，2018，34（01）：171-175.

［110］司蔚，李晓弢，谷雪景．我国固定源大气污染物排放标准评析［J］．环境保护，2011（10）：50-51.

［111］苏明，刘军民，张洁．促进环境保护的公共财政政策研究［J］．财政研究，2008（07）：20-33.

［112］粟晓玲，梁筝．关中地区气象水文综合干旱指数及干旱时空特征［J］．水资源保护，2019，35（04）：17-23.

［113］孙超男．雾霾治理中地方政府履责探究［D］．南京工业大学博士学位论文，2018.

［114］孙丽文，任相伟．京津冀区域碳排放协同治理及影响因素分析

［J］. 山东财经大学学报，2020，32（02）：5-14.

［115］孙攀，吴玉鸣，鲍曙明，仲颖佳. 经济增长与雾霾污染治理：空间环境库兹涅茨曲线检验［J］. 南方经济，2019（12）：100-117.

［116］孙涛，温雪梅. 动态演化视角下区域环境治理的府际合作网络研究——以京津冀空气治理为例［J］. 中国行政管理，2018（05）：83-89.

［117］孙艳丽，刘娟，何海英，夏宝晖. 辽宁经济区城市群治理雾霾联动协作机制综合评价指标体系研究［J］. 沈阳建筑大学学报（自然科学版），2018，34（02）：375-384.

［118］唐湘博，陈晓红. 区域空气污染协同减排补偿机制研究［J］. 中国人口·资源与环境，2017，27（09）：76-82.

［119］田凯，黄金. 国外治理理论研究：进程与争鸣［J］. 政治学研究，2015（06）：47-58.

［120］田孟，王毅凌. 工业结构、能源消耗与雾霾主要成分的关联性——以北京为例［J］. 经济问题，2018（07）：50-58.

［121］田培杰. 协同治理：理论研究框架与分析模型［D］. 上海交通大学博士学位论文，2013.

［122］童纪新，王青青. 中国重点城市群的雾霾污染、环境规制与经济高质量发展［J］. 管理现代化，2018，38（06）：59-61.

［123］万将军，唐喆. 城市大气污染治理的公众参与机制研究——基于市场化视角［J］. 决策咨询，2015（1）：47-51.

［124］王红梅，谢永乐，孙静. 不同情境下京津冀空气污染治理的"行动"博弈与协同因素研究［J］. 中国人口·资源与环境，2019，29（08）：20-30.

［125］王红梅. 中国环境规制政策工具的比较与选择——基于贝叶斯模型平均（BMA）方法的实证研究［J］. 中国人口·资源与环境，2016，26（09）：132-138.

［126］王慧琴，张彩虹，邹家红. 基于博弈视角的西部地区生态旅游投资机制的建立［J］. 统计与决策，2011（13）：77-80.

［127］王金南，宁淼，孙亚梅. 区域空气污染联防联控的理论与方法分析［J］. 环境与可持续发展，2012，37（05）：5-10.

［128］王珺红，张磊. 财政分权、公众偏好与社会保障支出——基于省际面板数据的实证研究［J］. 财贸研究，2013，24（04）：100-109.

［129］王丽，刘京焕．区域协同发展中地方财政合作诉求的逻辑机理探究 [J]．学术论坛，2015，38（02）：48-51.

［130］王洛忠，丁颖．京津冀雾霾合作治理困境及其解决途径 [J]．中共中央党校学报，2016，20（03）：74-79.

［131］王猛．府际关系、纵向分权与环境管理向度 [J]．改革，2015（08）：103-112.

［132］王奇，李明全．基于 DEA 方法的我国大气污染治理效率评价 [J]．中国环境科学，2012，32（05）：942-946.

［133］王秦，李慧凤，杨博．雾霾污染的经济分析与京津冀三方联动雾霾治理机制框架设计 [J]．生态经济，2018，34（01）：159-163.

［134］王文鹏．关中地区雾霾天期间气溶胶的时空演变分析 [D]．西北大学博士学位论文，2018.

［135］王喆，唐婍婧．首都经济圈空气污染治理：府际协作与多元参与 [J]．改革，2014（04）：5-16.

［136］魏巍贤，马喜立．能源结构调整与雾霾治理的最优政策选择 [J]．中国人口·资源与环境，2015（07）：6-14.

［137］魏巍贤，王月红．跨界空气污染治理体系和政策措施——欧洲经验及对中国的启示 [J]．中国人口·资源与环境，2017，27（09）：6-14.

［138］吴博．基于新型城镇化的陕西关中地区农村居住环境优化研究 [J]．中国农业资源与区划，2019，40（06）：70-77.

［139］吴建南，秦朝，张攀．雾霾污染的影响因素：基于中国监测城市 PM2.5 浓度的实证研究 [J]．行政论坛，2016，23（01）：62-66.

［140］吴勋，白蕾．财政分权、地方政府行为与雾霾污染——基于 73 个城市 PM2.5 浓度的实证研究 [J]．经济问题，2019（03）：23-31.

［141］吴玥彧，仲伟周．城市化与空气污染——基于西安市的经验分析 [J]．当代经济科学，2015，37（03）：71-79+127.

［142］谢宝剑，陈瑞莲．国家治理视野下的空气污染区域联动防治体系研究——以京津冀为例 [J]．中国行政管理，2014（09）：6-10.

［143］谢杨，戴瀚程，花冈達也，增井利彦．PM_（2.5）污染对京津冀地区人群健康影响和经济影响 [J]．中国人口·资源与环境，2016，26（11）：19-27.

［144］熊波，陈文静，刘潘，许文立．财税政策、地方政府竞争与空气污染

治理质量 [J]. 中国地质大学学报（社会科学版），2016，16（01）：20-33，170.

[145] 熊烨. 跨域环境治理：一个"纵向—横向"机制的分析框架——以"河长制"为分析样本 [J]. 北京社会科学，2017（05）：108-116.

[146] 徐苗苗. 美国大气污染防治法治实践及对我国的启示 [D]. 河北大学博士学位论文，2018.

[147] 杨传明，Gabor Horvath. 时空交互视角下长三角城市群雾霾污染动态关联网络及协同治理研究 [J]. 软科学，2019（12）：114-120.

[148] 杨贺，刘金平. 区域大气污染联防联控治理政策建议现代商贸工业 [J]. 现代商贸工业，2020（28）：36-37.

[149] 杨宏山，周昕宇. 区域协同治理的多元情境与模式选择——以区域性水污染防治为例 [J]. 治理现代化研究，2019（05）：53-60.

[150] 杨昆. 博弈论视角下的碳交易价格对治理雾霾的影响 [J]. 科技创新导报，2019，16（08）：244-247.

[151] 杨骞，王弘儒，刘华军. 区域空气污染联防联控是否取得了预期效果？——来自山东省会城市群的经验证据 [J]. 城市与环境研究，2016（04）：3-21.

[152] 杨新兴，冯丽华，尉鹏. 大气颗粒物 PM2.5 及其危害 [J]. 前沿科学，2012，6（01）：22-31.

[153] 杨哲. 基于高频 AQI 数据的关中城市群空气污染规律分析及治理政策效果评估 [D]. 陕西师范大学博士学位论文，2018.

[154] 杨志安，邱国庆. 区域环境协同治理中财政合作逻辑机理、制约因素及实现路径 [J]. 财经论丛，2016（06）：29-37.

[155] 余晓钟，辜穗. 跨区域低碳技术协同创新管理机制研究 [J]. 科学管理研究，2014，32（06）：56-59.

[156] 俞雅乖. 我国财政分权与环境质量的关系及其地区特性分析 [J]. 经济学家，2013（09）：60-67.

[157] 袁晓玲，李浩，杨万平. 机动车限行政策能否有效改善西安市的空气质量？[J]. 统计与信息论坛，2018，33（06）：107-114.

[158] 允春喜，上官仕青. 整体性治理视角下的跨域环境治理——以小清河流域为例 [J]. 科学与管理，2015，35（03）：58-64.

[159] 曾浩，丁镭. 长江经济带城市雾霾污染 PM_（2.5）时空格局演变及影响因素研究 [J]. 华中师范大学学报（自然科学版），2019，53（05）：

724-734.

[160] 张国兴，高秀林，汪应洛，郭菊娥，汪寿阳．中国节能减排政策的测量、协同与演变——基于 1978~2013 年政策数据的研究［J］．中国人口·资源与环境，2014，24（12）：62-73.

[161] 张华．省直管县改革与雾霾污染：来自中国县域的证据［J］．南开经济研究，2020（05）：24-45.

[162] 张力伟．从共谋应对到"分锅"避责：基层政府行为新动向——基于一项环境治理的案例研究［J］．内蒙古社会科学（汉文版），2018，39（06）：30-35.

[163] 张玲．我国雾霾治理中的政府责任问题研究［D］．黑龙江大学博士学位论文，2016.

[164] 张维迎．博弈论与信息经济学［M］．上海：上海人民出版社，2004.

[165] 张旭．成渝经济区立法协同研究［D］．西南政法大学博士学位论文，2019.

[166] 赵新峰，袁宗威．京津冀区域空气污染协同治理的困境及路径选择［J］．城市发展研究，2019，26（05）：94-101.

[167] 郑玫，张延君，闫才青，朱先磊，James J. Schauer，张远航．中国 PM2.5 来源解析方法综述［J］．北京大学学报（自然科学版），2014，50（06）：1141-1154.

[168] 周景坤，黄洁，张亚宁．国外支持雾霾防治技术创新政策的主要做法及启示［J］．科技管理研究，2018，38（24）：39-45.

[169] 周景坤，黄洁．国外雾霾防治财政政策及启示［J］．经济纵横，2015（06）：66-69.

[170] 周景坤，黎雅婷．国外雾霾防治金融政策举措及启示［J］．经济纵横，2016（06）：115-119.

[171] 周伟铎，庄贵阳，关大博．雾霾协同治理的成本分担研究进展及展望［J］．生态经济，2018，34（03）：147-155.

[172] 周珍，邢瑶瑶，孙红霞，蔡亚亚，于晓辉．政府补贴对京津冀雾霾防控策略的区间博弈分析［J］．系统工程理论与实践，2017，37（10）：2640-2648.

[173] 庄贵阳，周伟铎，薄凡．京津冀雾霾协同治理的理论基础与机制创新［J］．中国地质大学学报（社会科学版），2017，17（05）：10-17.

附　录

2009~2017 年关中城市群治污减霾政策协同文件统计

时间	发文主体	文件名称
2009	陕西省发展和改革委员会	2009 年推动落实节能减排工作安排部门分工的通知
2009	陕西省政府	陕西省人民政府办公厅关于印发陕西省 2009 年度主要污染物总量减排实施方案的通知
2010	陕西省政府	陕西省人民政府办公厅关于印发 2010 年度主要污染物总量减排实施方案的通知
2010	陕西省财政厅、陕西省环境保护厅	关于印发《2010 年省级主要污染物减排专项资金项目申报指南》的通知
2010	陕西省环境保护厅　陕西省发展和改革委员会　陕西省科学技术厅　陕西省工业和信息化厅　陕西省财政厅　陕西省住房和城乡建设厅　陕西省交通运输厅　陕西省商务厅	《陕西省贯彻环境保护部等九部门〈关于推进空气污染联防联控工作改善区域空气质量指导意见〉实施方案》的通知
2010	陕西省环境保护厅	陕西省环境保护厅办公室关于开展 2010 年主要污染物总量减排日常督查工作的通知
2011	陕西省财政厅、陕西省环境保护厅	《陕西省主要污染物减排专项资金项目申报指南（2011~2013）》的通知
2011	陕西省环境保护厅	陕西省环境保护厅关于成立污染减排绩效管理试点工作领导小组及办公室的通知
2012	陕西省政府	陕西省人民政府关于印发"十二五"节能减排综合性工作方案的通知
2012	陕西省政府	陕西省人民政府办公厅关于印发 2012 年度主要污染物总量减排实施方案的通知

续表

时间	发文主体	文件名称
2012	陕西省环境保护厅 陕西省财政厅 陕西省交通运输厅 陕西省商务厅 陕西省公安厅	《陕西省机动车污染减排管理办法》的通知
2012	陕西省发展和改革委员会	《陕西省"十二五"节能减排综合性工作方案》处室分工的通知
2012	陕西省环境保护厅	陕西省环境保护厅关于成立陕西省空气污染联防联控领导小组办公室的通知
2013	陕西省政府	陕西省人民政府关于成立关中地区空气污染治理工作领导小组的通知
2013	陕西省政府	陕西省人民政府关于印发省"治污降霾·保卫蓝天"五年行动计划（2013~2017 年）的通知
2013	陕西省环境保护厅	陕西省环境保护厅关于开展西安市"治污降霾·保卫蓝天"行动省、市环保联合执法活动的通知
2013	陕西省政府	陕西省人民政府办公厅关于印发 2013 年度主要污染物总量减排实施方案的通知
2013	陕西省环境保护厅	陕西省环境保护厅关于开展关中地区空气污染防治专项检查的通知
2013	陕西省发展和改革委员会	《陕西省关中地区灰霾防治重点行业项目建设指导目录（暂行）》的通知
2013	陕西省环境保护厅	关于召开 2013 年关中地区空气污染治理领导小组办公室主任会议的通知
2013	陕西省政府	陕西省人民政府办公厅关于召开关中城市群"治污降霾·保卫蓝天"动员电视电话会议的通知
2013	陕西省林业厅	关于印发《林业治污减霾——关中地区"百万亩"森林建设实施方案》的通知
2014	陕西省政府	陕西省人民政府办公厅关于印发 2014~2015 年节能减排低碳发展行动实施方案的通知
2014	陕西省政府	陕西省人民政府关于在关中地区执行空气污染物特别排放限值的公告
2014	陕西省发展和改革委员会 陕西省环境保护厅 陕西省商务厅 陕西省质量技术监督局 陕西省工商行政管理局	关于印发陕西省空气污染防治成品油质量升级实施意见的通知

时间	发文主体	文件名称
2014	陕西省发展和改革委员会　陕西省环境保护厅	关于印发陕西省能源行业加强空气污染防治工作实施方案的通知
2014	陕西省环境保护厅　陕西省空气污染联防联控领导小组	关于做好应对春节期间重污染天气工作的紧急通知
2014	陕西省环境保护厅	陕西省环境保护厅办公室关于做好我省空气污染防治会商应对工作的通知
2014	陕西省环境保护厅	陕西省环境保护厅关于开展空气污染防治专项督查工作的通知
2014	陕西省环境保护厅	关于做好关中地区执行空气污染物特别排放限值准备工作的通知
2014	陕西省政府	陕西省人民政府办公厅关于印发省"治污降霾·保卫蓝天"2014年工作方案的通知
2014	陕西省政府	陕西省人民政府办公厅关于印发2014年度主要污染物总量减排实施方案的通知
2014	陕西省政府	陕西省人民政府办公厅关于做好重污染天气应对工作的通知
2015	陕西省政府	陕西省人民政府办公厅关于印发"治污降霾·保卫蓝天"2015年工作方案的通知
2015	陕西省政府	陕西省人民政府办公厅关于印发省空气污染重点防治区域联动机制改革方案的通知
2015	陕西省政府	陕西省人民政府办公厅关于印发2015年度主要污染物总量减排实施方案的通知
2015	陕西省政府	关于做好今冬明春空气污染防治工作的通知
2015	陕西省环境保护厅	关于切实加强燃煤质量管理减少空气污染物排放的通知
2016	陕西省政府	陕西省人民政府办公厅关于印发"治污降霾·保卫蓝天"2016年工作方案的通知
2016	陕西省环保厅	关于召开关中空气污染防治形势研判分析会的通知
2016	陕西省环保厅	关于开展2016年冬季空气污染防治专项督查工作的通知
2016	省政府办公厅	省政府办公厅《关于在全省开展今冬明春空气污染联防联控十大专项行动的通知》

续表

时间	发文主体	文件名称
2017	陕西省政府	陕西省人民政府办公厅关于加快推进关中地区"煤改气"有关工作的通知
2017	陕西省政府	陕西省人民政府关于成立省节能减排及应对气候变化工作领导小组的通知
2017	陕西省政府	关于关中地区空气污染治理联席会议在西安召开的通知
2017	陕西省环境保护厅办公室	关于召开全省空气污染防治形势分析会议的通知
2017	陕西省政府	关于2017秋冬季空气污染综合治理攻坚行动方案的通知
2017	省执法局，省环保厅	关于召开秋冬季空气污染综合治理攻坚行动巡查执法培训会和环境监察移动执法工作现场会的通知
2017	省巡查执法工作办公室	西安市、渭南市、咸阳市、铜川市秋冬季空气污染综合治理环境违法问题的公告（第二批）
2017	省巡查执法工作办公室	西安市、宝鸡市、渭南市、咸阳市秋冬季空气污染综合治理环境违法问题的公告